智能制造
与数字技术经济的融合发展研究

赵 兵◎著

中国华侨出版社
·北京·

图书在版编目（CIP）数据

智能制造与数字技术经济的融合发展研究 / 赵兵著.
北京：中国华侨出版社，2024.12. -- ISBN 978-7
-5113-9258-9

Ⅰ．TH166；F492

中国国家版本馆CIP数据核字第2024PQ6226号

智能制造与数字技术经济的融合发展研究

著　　者：	赵　兵
责任编辑：	张亚娟
封面设计：	青　青
经　　销：	新华书店
开　　本：	880毫米×1230毫米　　1/16开　　印张：10.5　　字数：150千字
印　　刷：	河北浩润印刷有限公司
版　　次：	2025年1月第1版
印　　次：	2025年1月第1次印刷
书　　号：	ISBN 978-7-5113-9258-9
定　　价：	55.00元

中国华侨出版社　北京市朝阳区西坝河东里77号楼底商5号　　邮编：100028
发行部：（010）64443051　　传　真：（010）64439708
如发现印装质量问题，影响阅读，请与印刷厂联系调换。

前　言

随着全球科技革命和产业变革的深入发展，智能制造与数字技术经济的融合已成为推动经济增长、提升产业竞争力的重要力量，这一融合不仅体现了科技与经济的深度融合，更是对传统制造业的一次深刻变革，对推动经济高质量发展、实现可持续发展具有重要意义。智能制造技术通过引入人工智能、云计算、物联网、大数据等先进技术，实现生产过程的智能化、自动化和数字化，这些技术的应用不仅可以提高生产效率、降低生产成本，还能提升产品质量和企业的竞争力。此外，随着智能化的发展，传统产业与新兴产业之间的界限逐渐模糊，产业融合成为新的发展趋势。智能制造作为新兴产业的重要组成部分，与数字技术经济的融合推动了产业结构的优化升级，促进了新兴产业的发展壮大，也为传统产业提供了转型升级的机遇和新路径。

本书内容广泛而深入，首先阐述智能制造的基础理论和企业智能化转型的作用机理，使读者对智能制造有一个全面的认识。接着研究人工智能、云计算、物联网和大数据等数字支撑技术在智能制造中的应用。随后探讨数字技术背景下的智能制造系统发展，包括产品生命周期管理、企业资源管理软件、制造执行系统软件等。此外，还讨论数字技术如何促进智能制造设计与加工、装备与服务的发展，以及智能制造与数字经济的融合发展，为读者提供了前瞻性的思考方向。

本书力求严谨、系统、实用，通过深入浅出的方式，将复杂的理论和技术问题阐述得通俗易懂，是一本既具有理论深度又具有实践指导意义的著作，对于关注智能制造与数字技术融合发展的读者来说，是一本不可多得的参考书。

目 录

第一章 智能制造基础与企业智能化转型
- 第一节 智能制造的时代背景 …………………………………………………… 1
- 第二节 智能制造的定义与特征 ………………………………………………… 6
- 第三节 智能制造对智能城市的影响 …………………………………………… 9
- 第四节 制造业企业智能化转型的作用机理 …………………………………… 15

第二章 智能制造的数字支撑技术
- 第一节 人工智能技术 …………………………………………………………… 24
- 第二节 云计算技术 ……………………………………………………………… 28
- 第三节 物联网技术 ……………………………………………………………… 33
- 第四节 大数据技术 ……………………………………………………………… 36

第三章 数字技术背景下的智能制造系统发展
- 第一节 产品生命周期管理（PLM） …………………………………………… 39
- 第二节 企业资源管理（ERP）系统 …………………………………………… 46
- 第三节 制造执行系统（MES） ………………………………………………… 54
- 第四节 赛博物理系统（CPS） ………………………………………………… 61

第四章 数字技术促进智能制造设计与加工发展
- 第一节 智能设计的需求与演化 ………………………………………………… 67
- 第二节 数字技术背景下智能设计的技术 ……………………………………… 70
- 第三节 智能数控加工生产技术与增材制造 …………………………………… 72
- 第四节 智能加工过程的质量监控与智能检测 ………………………………… 89

第五章 数字技术促进智能制造装备与服务发展
- 第一节 智能制造装备及其技术发展 …………………………………………… 100
- 第二节 智能制造服务及其技术发展 …………………………………………… 107
- 第三节 互联网环境下的智能制造服务流程纵向集成 ………………………… 115
- 第四节 工业大数据驱动的智能制造服务系统构建 …………………………… 119

第六章 智能制造与数字经济的融合发展
- 第一节 数字经济赋能智能制造的新模式 ……………………………………… 130
- 第二节 数字经济驱动制造业的优化升级 ……………………………………… 137

第三节　数字经济下的智能制造与知识产权机制创新…………………… 144
第四节　5G+智能制造促进数字经济与实体经济的融合………………… 147

结束语

参考文献

第一章　智能制造基础与企业智能化转型

在信息化与工业化深度融合的大背景下，智能制造已成为推动产业升级和经济发展的重要力量。本章旨在深入探讨智能制造的核心理念、技术特征及其对智能城市建设的深远影响。通过对智能制造的时代背景、定义与特征的分析，以及对制造业企业智能化转型作用机理的探讨，旨在为相关企业及政策制定者提供决策参考，推动制造业向智能化、绿色化、服务化方向发展，助力智能城市构建与可持续发展。

第一节　智能制造的时代背景

当前，全球制造业正在经历一场全新的革命。随着工业4.0概念的提出，物联网、工业互联网、大数据和云计算等技术不断创新，信息技术与制造业的深度融合，新一轮技术革命正在广泛而深入地改变着制造业的生产方式和发展模式。这场技术革命不仅在技术层面推动了制造业的升级，还在运营管理和商业模式上带来了颠覆性的变化。制造业企业通过采用这些先进技术，实现了生产过程的智能化、自动化和数字化，大大提高了生产效率和产品质量，同时增强了企业的市场竞争力和应变能力。全球制造业正在以前所未有的速度和深度，向智能制造和数字化转型迈进。

一、制造业的发展

（一）制造业的发展历史

制造业作为国民经济的重要支柱，其发展历程不仅反映了科技进步的轨迹，更是国家发展水平的重要体现。自瓦特改良蒸汽机以来，制造业经历了机械化、电气化、自动化以及智能化等多个阶段的技术革命，每一次技术革命都极大地推动了社会生产力的提升和经济发展模式的转变。

在机械化阶段（1760—1860年），水力和蒸汽机的应用使得机器生产逐渐替代了手工劳动，这标志着社会经济基础从农业向以机械制造为主的工业转移。机械化不仅提高了生产效率，而且为后续的电气化革命奠定了基础。

电气化阶段（1861—1950年）的到来，使得电力成为新的动力，推动了大规模生产的实现。电力驱动的生产方式不仅降低了生产成本，而且实现了产品零部件生产与装配环节的成功分离，为产品批量生产的新模式奠定了基础。

自动化阶段（1951—2010年）则是制造业发展的又一重要里程碑。随着电子技术和计算机技术的广泛应用，机器逐渐代替人类完成了一系列复杂的生产任务。这一阶段的标志是电子计算机与信息技术的深度融合，使得制造业的生产过程更加高效、精准。

进入21世纪后，制造业迎来了智能化阶段。随着网络和智能化技术的快速发展，制造业实现了制造的智能化、个性化和集成化。智能化技术的应用不仅提高了生产效率，还满足了消费者对于个性化产品的需求。如今，"私人定制"式工业生产已成为制造业的最新发展趋势，标志着制造业已全面迈入智能化时代。

纵观制造业的发展历程，可以看到，每一次技术革命都推动了制造业的飞跃式发展。从机械化到智能化，制造业不断向着更高效、更智能、更个性化的方向发展。未来，随着新技术的不断涌现和应用，制造业将继续保持其作为国民经济基础工业的重要地位，为国家的经济发展和社会进步做出更大的贡献。

（二）智能制造产生的原因

自20世纪80年代以来，传统制造技术虽然经历了一定程度的发展，但随着计算机控制技术和制造技术的日益进步，传统的设计和管理方法逐渐显得"力不从心"。这种局面推动着研究人员、设计人员和管理人员不断探索、学习和研究新的产品、工艺和系统，以适应现代制造系统中出现的各种挑战。借助各学科的最新研究成果，结合现代工具和方法，他们在传统制造技术、计算机技术、人工智能等领域进一步融合的基础上，开发出了一种全新的制造技术与系统，即智能制造技术（IMT）与智能制造系统（IMS）。

自20世纪90年代以后，全球范围内各国纷纷加大对智能制造技术与系统的深度研究，这一趋势背后的重要原因如下。

第一，集成化的实现离不开智能化的支持。制造系统作为一个复杂的大系统，需要借助智能装备（如智能机器人等）才能实现系统内部各环节的高效协同。智能化技术的应用使得生产经验的积累、生产过程中的人机交互等变得更加智能化，从而实现集成化的目标。

第二，智能化机器具备较高的灵活性。智能化技术不仅可以应用于整个制造系统，而且可以应用于单个机器。无论是在系统层面还是在单机层面，智能化技术都能够发挥作用，不像集成制造系统那样需要整体集成才能发挥作用。

第三，智能化技术带来了较高的经济效益。相较于传统的计算机集成制造系统（CIMS），智能制造技术的投资成本较低，维护费用也相对较少。同时，智能化技术的应用能有效提高生产效率，从而在经济上更具性价比。

第四，随着人员结构的变化，经验丰富的机械工人和技术人员日益稀缺，而现代产品制造技术却变得越来越复杂。在这种情况下，引入人工智能和知识工程技术成为解决现代化企业产品加工问题的必然选择。

第五，依靠生产管理和生产自动化提高生产效率成为一种必然趋势。人工智能与计算机管理的结合，使得即使是不具备计算机技能的员工也能通过智能化的交互方式进行科学化的生产管理，从而有效提高生产效率。

二、市场需求推动智能制造普及

市场需求是智能制造发展的重要牵引力，驱动制造业不断追求技术创新和管理变革。随着全球经济结构的深度调整和消费者需求的多样化、个性化，制造业正面临着转型升级的迫切需求。智能制造以其高效、灵活、智能的特点，满足了市场对高品质、多品种、小批量产品的需求，提高了市场竞争力。同时，智能制造还能够实现生产过程的透明化和可追溯性，保障产品质量和安全，满足消费者对产品质量和安全的更高要求。

在当今全球化和信息化高度融合的背景下，消费者的需求呈现出日益多样化和个性化的趋势。传统大规模、标准化生产模式已经难以满足市场需求的快速变化和个性化要求。消费者希望能够购买到符合其个性化需求的产品，同时也期望这些产品能够以合理的价格、较短的交货期交付。这使制造业企业面临新的挑战，即如何在保证生产效率和成本控制的前提下，灵活应对市场的多样化需求。

智能制造通过引入物联网、大数据、人工智能和云计算等先进技术，极大地提升了生产过程的柔性和响应速度。例如，通过物联网技术，企业可以实现设备、物料、产品之间的互联互通，形成智能化生产网络。大数据和人工智能技术的应用，则能够帮助企业对生产过程进行实时监控和优化，提高生产效率和产品质量。云计算技术的普及，使得企业可以利用远程协同和资源共享，实现跨地域、跨部门的协同生产。

高效和灵活是智能制造的显著特点。与传统制造模式相比，智能制造能够在较短时间内根据市场需求的变化进行生产调整，快速响应市场需求。通过智能化生产设备和柔性生产线，企业可以实现多品种、小批量生产，满足消费者的个性化需求。同时，智能制造还能通过数据分析和预测，提高生产计划的准确性，减少库存压力和生产浪费，从而降低生产成本。

智能制造不仅提高了生产效率和灵活性，而且显著提升了产品质量和安全保障。通过物联网和大数据技术，企业可以对生产过程进行全方位的监控和追溯，实时检测产品质量，发现并纠正生产中的问题。例如，传感器技术可以实时监测生产设备的运行状态和产品质量参数，确保每一个生产环节都在可控范围内。大数据分析则能够帮助企业发现潜在的质量问题，优化生产工艺和流程。

生产过程的透明化和可追溯性是智能制造的另一个重要优势。消费者越来越关注产品的来源和生产过程，期望能够了解产品的生产背景和质量保障措施。智能制造通过全程数据记录和追溯系统，能够为客户提供详尽的生产过程信息，增加产品的透明度和消费者的信任度。例如，在食品和医药等高度敏感的行业，智能制造可以确保每一批产品的生产信息都被详细记录，方便在出现质量问题时迅速找到原因并采取解决措施。

此外，智能制造还推动了制造业向绿色和可持续方向发展。通过优化生产流程和提高资源利用率，智能制造能够减少能源消耗和环境污染。例如，通过智能化管理系统，企业可以实现能耗监控和优化，减少不必要的能源浪费。智能制造的绿色发展理念，不仅符合全球环保要求，也满足了消费者对绿色产品的需求。

三、政策支持助力智能制造发展

政府在促进智能制造发展方面采取了一系列政策措施。自2015年起，国务院发布了《中国制造2025》，旨在推动中国从制造大国向制造强国转变。该规划强调了以智能制造为核心，并确定了三个阶段的战略目标。首先是在十年内迈入制造强国行列，然后在2035年使我国制造业整体达到世界制造强国中等水平，最终在中华人民共和国成立一百年时，巩固制造业大国地位，成为世界制造强国的一员。这一目标的实现需要政策支持和全社会的共同努力。

《中国制造2025》将智能制造划分为流程制造、离散制造、智能装备和产品、智能制造新业态新模式、智能化管理、智能服务六大重点行动。针对生产过程的智能化，政府将在流程制造和离散制造领域进行试点示范项目，推进智能工厂和数字化车间建设。此外，政府还鼓励将信息技术深度嵌入产品中，实现产品的智能化，如将智能化产品嵌入智能装备中，使其具备动态存储、感知和通信能力。同时，政府支持发展工业互联网，推行个性化定制、网络协同开发、电子商务等智能制造新业态、新模式。此外，政府还致力于推进管理和服务的智能化，加强物流信息化、能源管理智慧化，并推行在线监测、远程诊断、云服务等智能服务。这些政策措施旨在引导制造业实现全面智能化转型。智能制造不仅能提高生产效率和产品质量，而且能带动制造业的创新发展，促进产业结构优化升级。政府的政策支持将为智能制造的发展提供坚实保障，推动中国制造业向更高水平迈进，为构建现代化经济体系做出积极贡献。

四、国际竞争促进智能制造创新

在全球化的今天，国际竞争已经成为推动各行各业发展的强大动力。对于制造业而言，这种竞争尤为激烈，不仅要求企业具备高效的生产能力，更要求企业能够不断创新，以满足市场的多样化需求。智能制造，作为制造业转型升级的重要方向，正是在这种国际竞争的推动下，不断实现技术突破和创新发展。

第一，国际竞争要求制造业必须提高生产效率和质量。随着全球市场的不断扩大和消费者需求的多样化，制造业需要更快速、更准确地响应市场需求。智能制造通过引入先进的信息技术，实现了生产过程的智能化、自动化和数字化，极大地提高了生产效率和质量。这种高效的生产方式，使得企业能够在激烈的国际竞争中占据有利地位。

第二，国际竞争促进了智能制造技术的研发和创新。为了在竞争中立于不败之地，各国政府和企业纷纷加大投入，加强技术研发和人才培养。他们不断推动智能制造技术的创新和应用，探索新的生产模式和管理方式。这种研发和创新不仅推动了智能制造技术的不断进步，而且为制造业的转型升级提供了有力支撑。

第三，国际的技术交流和合作也为智能制造的发展提供了更广阔的空间和更丰富的资源。随着全球化的深入发展，各国之间的交流和合作日益频繁。制造业企业可以通过国际合作，引进先进的技术和设备，学习先进的管理经验，推动智能制造的发展。同时，国际合作也可以促进技术的交流和共享，推动全球制造业的共同进步。

值得注意的是，国际竞争不仅要求企业具备强大的技术实力，而且要求企业具备敏锐的市场洞察力和灵活的应变能力。智能制造正是通过引入先进的信息技术和数据分析技术，帮助企业更好地了解市场需求和消费者行为，从而做出更准确的决策和更快速的响应。这种能力使得企业在国际竞争中更具优势。

总之，国际竞争是推动智能制造创新发展的重要动力。在全球化背景下，制造业面临着前所未有的挑战和机遇。只有通过不断创新和进步，才能在激烈的国际竞争中立于不败之地。智能制造正是实现这一目标的关键手段之一。

五、产业环境优化智能制造布局

智能制造的发展离不开坚实的产业环境。随着全球产业链的重组和优化，制造业正朝着高端化、智能化、绿色化的方向不断迈进。智能制造作为制造业转型升级的重要方向，受到了各国政府的高度重视和大力支持。当前，全球制造业竞争格局的变化，为智能制造带来了新的发展机遇。在此背景下，企业纷纷加大投入，加强技术研发和人才培养，积极应对市场变化和竞争挑战，推动智能制造的快速发展。

产业环境为智能制造的发展提供了必要的基础。良好的产业环境不仅包括先进的技术和设备，还涵盖了完善的政策支持、健全的基础设施以及充足的人才资源。政府的政策引导和支持，为企业开展智能制造提供了方向和动力。完善的基础设施建设，特别是信息和通信技术的广泛应用，为智能制造的实施提供了技术保障。而充足的人才资源则是智能制造持续发展的关键因素。企业通过加强技术研发和人才培养，不断提升自身的核心竞争力，确保在激烈的市场竞争中立于不败之地。

同时，智能制造的发展反过来促进了产业环境的优化。智能制造技术的广泛应用，提升了生产效率和产品质量，推动了产业链的整体升级和优化。这不仅增强了企业的市场竞争力，也促进了整个产业的转型升级。通过智能制造，企业能够实现生产过程的精细化管理，降低资源消耗，减少环境污染，推动绿色制造的发展。此外，智能制造还促进了新兴产业的涌现，带动了相关服务业的发展，为经济增长注入了新的活力。

第二节 智能制造的定义与特征

一、智能制造的定义

智能制造，作为制造业与先进信息技术的完美结合，正逐渐引领着传统制造业的转型升级，它将人工智能、大数据、物联网等尖端科技与传统制造业深度融合，通过智能化的生产设备、工艺和管理模式，实现生产过程的自动化、灵活化和智能化。

在这场变革中，智能制造展现出了其独特的魅力。智能化的生产设备能够实时感知生产环境，自动调整工艺参数，确保产品质量和生产效率的提升。智能化的工艺流程则使得生产过程更加灵活，使之能够满足个性化、定制化的市场需求。智能化的管理模式则通过数据采集、分析和应用，实现了生产过程的实时监控、优化调整和智能决策，提高了企业的管理水平和市场竞争力。

智能制造的核心在于数据。通过采集、分析和应用海量的生产数据，企业能够更准确地把握市场动态，预测未来市场发展趋势，从而做出更为科学的决策。这种数据驱动的智能化管理，不仅提高了生产效率、降低了成本，还使产品质量得到了显著提升。

除了生产过程的智能化，智能制造还涵盖了生产计划、供应链管理、质量控制、服务支持等方面的智能化。企业可以通过智能化的生产计划，实现资源的优化配置，提高生产效率；通过智能化的供应链管理，降低库存成本，提高物流效率；通过智能化的质量控制，确保产品质量的一致性和稳定性；通过智能化的服务支持，提升客户满意度和忠诚度。

二、智能制造的特征

智能制造作为经济和技术发展的必然结果，引领着制造业向着更加敏捷、柔性、自动化、集成化的方向发展。为了在动态、复杂的市场和技术环境中保持竞争力，制造系统必须具备敏捷性、柔性、鲁棒性和协同性等一系列特性。而要实现这些特性，智能化是至关重要的。智能化贯穿于制造活动的全过程，是实现敏捷化、柔性化、自动化、集成化的关键所在。

随着人工智能、自动化技术和信息技术的不断发展，智能制造系统的智能化程度将不断提高。一个具有智能化特征的制造系统应该具备以下四个基本特征。

（一）可视化特征

智能制造的核心要求之一是实现生产状态的实时透明可视以及生产过程的智能精益管控。这一要求意味着对制造环境、设备与工件状态、制造能力的全面感知和处理。在智能制造体系中，物理空间与信息空间的高度融合是关键，通过这种融合，生产过程能够实现透明和可视化。

在传统制造环境中，生产状态的信息往往是孤立的、分散的，导致生产管理者难以实时掌控全局。而在智能制造中，通过传感器、物联网等技术，能够实时采集和传递生产现场的各种数据。这些数据经过分析和处理后，转化为可视化的信息，使生产管理者能够直观地了解生产的每个环节和状态，从而做出更加精准和及时的决策。

可视化不仅限于生产状态的显示，还包括对制造过程的精细化管控。通过对设备运行状态、工件加工进度、资源利用情况等关键数据的实时监控，智能制造系统能够快速发现并解决潜在问题，减少停机时间和生产过程中的浪费，提高生产效率和产品质量。同时，可视化的生产数据还为优化生产流程提供了依据，使得制造过程更加智能化、精益化。

此外，可视化特征还促进了物理空间与信息空间的融合。在智能制造中，虚拟仿真技术和数字孪生技术的应用，使得虚拟世界能够真实地反映物理世界的生产状态和过程。这种融合不仅提高了生产的可视化程度，而且增强了生产管理的灵活性和应变能力，使得制造业企业能够更加敏捷地响应市场需求和变化。

（二）人机共融特征

在智能制造模式下，人机共融特征日益凸显。随着科技的发展，人介入制造系统的手段更加多样化，形成了人机功能平衡的智能协调系统。现代制造系统不再是将人排除在外的冷冰冰的机器操作，而是通过多种技术手段的融合，实现人与机器的和谐交流。

首先，泛在感知技术的应用使得制造系统能够实时监测和反馈生产过程中的各种数据。这种技术不仅提高了生产效率，还为人机互动提供了基础。制造系统通过数据分析，能够智能地调整生产参数，优化生产流程，同时让人工操作员随时掌握生产动态，做出更明智的决策。

其次，人工智能在制造中的应用也促进了人机共融的发展。智能算法和机器学习技术可以处理复杂的生产任务，预测和预防生产中的潜在问题。这些技术的应用不仅减轻了人类的劳动强度，还提高了生产的精度和质量。在这个过程中，人工智能不仅是人类的工具，更是人类的合作伙伴，二者共同完成制造任务。

最后，先进制造技术的发展为人机共融提供了坚实的基础。通过机器人、自动化设备和先进材料的应用，制造系统变得更加灵活和高效。这些技术不仅使得生产过程更加流畅，还使得制造系统能够迅速适应市场的变化和需求的波动。在这一过程中，人类操作员可以利用这些先进技术，更加高效地完成生产任务。

（三）自组织特征

在智能制造系统中，各个组成单元能够根据具体工作任务的需求，自动集结成一种高度柔性的最佳结构，并按照最优的方式运行。这种柔性不仅体现在运行方式上，还体现在结构形式上。每当任务完成后，原有结构会自动解散，以便在新的任务中重新组合成新的结构。自组织特性是智能制造的一个重要标志，体现了系统的灵活性和适应能力。

智能制造系统中的自组织特征，使得其在面对不同生产任务时，能够迅速调整自身的结构和运行模式，确保生产过程的高效性和灵活性。各个单元通过自组织，可以在没有人为干预的情况下，自主优化资源配置，达成最佳的工作状态。这种特性不仅提高了生产效率，还降低了人为干预可能带来的误差和成本。

此外，自组织特性使得智能制造系统能够在动态变化的环境中保持高度的适应性和响应速度。当外部条件或内部需求发生变化时，系统能够快速重新配置，确保生产任务按时完成。这种动态的自适应能力，使得智能制造系统在面对复杂多变的生产环境时，依然能够保持稳定和高效地运行。

（四）制造资源的社会化服务特征

制造资源的社会化服务逐渐成为一种趋势，与制造相关的支持技术和服务能力亦得到显著提升，面向制造需求的社会化资源和服务不断涌现，并将日益丰富。全球化的制造服务网络逐步形成，全球范围内的无边界生产组织成为主流。制造服务企业通过专业化和高效的运营，使得制造资源得以社会化无缝集成，使制造能够在无边界企业的社会化环境中实现及时重组，从而实现更大范围的资源整合。全生命周期的制造过程将由全球范围内的多元企业通过社会化无缝集成的方式来完成，从而真正实现制造的无边界组织。

这种趋势带来了制造模式的根本性变革，传统的制造业边界逐渐变得模糊，各种资源和服务在全球范围内自由流动和配置。制造业企业不再局限于某个单一的生产环节，而是通过社会化服务网络，集成来自不同地区和不同企业的制造资源，实现协同生产和动态重组。制造资源的社会化服务不仅提高了资源的利用效率，还增强了制造系统的灵活性和响应能力，使企业能够更快速地适应市场变化和客户需求。

在这种背景下，制造业的发展更加依赖于信息技术和通信技术的进步，通过互联网和其他技术手段，实现制造资源的共享与协作。制造业企业通过开放式平台，将自身的生产能力和服务能力对外开放，吸引其他企业和服务提供商参与，共同构建一个高效、灵活、互联的制造生态系统。

总之，制造资源的社会化服务特征正在推动制造业向更高效、更灵活的方向发展，使得制造过程能够在全球范围内实现无缝协作和资源整合，最终实现制造的无边界组织。这一趋势不仅改变了传统的制造模式，也为制造业的持续创新和发展提供了新的动力与方向。

第三节 智能制造对智能城市的影响

智能城市的发展对智能制造提出了迫切的需求，因为智能制造不仅是智能工业城市创新能力的主要体现，也是改善智能城市生态环境的必要手段，以及智能城市重要的基础设施之一。

智能制造对城市居民的生活具有重要影响。它保障着居民衣食住行的健康安全，通过提供优质制造服务，为城市提供必需的产品和资源。此外，智能制造还支持智能城市的结构布局优化，有助于城市发展的有序和可持续性，从而提高了居民的生活品质和幸福感。

与智能城市中的其他智能系统相比，智能制造的影响更为长期、广泛且模糊。例如，智能制造的发展需要长期的培育和投入，对城市创新能力的提升具有渐进的效应。另外，智能制造所提供的基础设施和服务，并不仅限于所在城市，而是影响着更广泛的区域和群体。

然而，正是这种长期、广泛、模糊的影响，使得在当前政府绩效考核体制下，智能城市建设中智能制造的立项热情受到制约。因为这些效应往往难以量化和立竿见影，不同于一些短期内可以直接观测到的成效。

因此，尽管智能制造对智能城市的发展至关重要，但仍需要政府和相关部门加强对其长期、广泛影响的认识，采取更具前瞻性和长远性的政策措施，以推动智能制造在智能城市建设中的积极作用，从而实现智能城市的可持续发展和居民生活的全面提升。

一、智能制造改善城市生态环境

（一）城市生态环境改善的需求

随着城市的不断发展，工业化作为人类创造巨大财富的引擎，也不可避免地带来了资源消耗和环境污染等问题。传统的工业化模式给城市居民的生活环境带来了严重破坏，表现在空气质量下降、水体污染、垃圾围城、噪声扰民等方面，直接影响了人们的生活品质。

城市作为人类的生活和发展中心，应该拥有良好的生态环境。因此，城市的发展不能仅仅局限于工业的扩张，而是应该在工业化进程中重视生态环境的保护和改善。

智能制造技术在企业节能减排方面具有关键作用，不仅有利于城市建设，也对整个社会和环境都有益处。通过智能制造，企业能够实现"三废"近零排放，从根本上控制影响城市生态环境的因素，推动城市生态环境的改善，提升居民的生活品质。这种可持续发展模式是城市发展的必然选择，也是实现城市绿色发展的有效途径。

（二）智能制造在改善城市生态环境方面的作用

1. 智能化装备与工艺实现节能减排

利用智能化装备和工艺，实现节能减排，促进制造过程的环境友好是当前制造业发展的重要方向。通过智能制造，企业可以开发智能化装备和工艺，实现"三废"近零排放，这对于环境保护具有重要意义。同时，建立企业生态群落，相互利用对方的废物作为原料，不仅降低了生产成本，也减少了对环境的负面影响。在节能减排方面，提高工业能耗设备效率，降低能耗，是一项关键举措。此外，监控制造过程的环境影响数据，及时进行智能保养、维护和维修，或者采取预防性维修，可以有效保障装备和过程的正常运行，提高生产效率。

智能化装备和工艺涉及不同的具体专业，如全封闭的智能造纸机械可以实现其用水的自动循环使用，从而实现了废水的近零排放。这种技术属于造纸机械专业的研究方向，展示了智能化装备在特定行业中的应用潜力。因此，通过不同专业的研究和合作，可以推动智能化装备和工艺在制造业中的广泛应用，实现更加环境友好的生产方式。

2. 智能化制造模式提升制造效率

智能化制造模式是当今制造业发展的重要趋势之一，旨在提高制造效率并实现制造过程的环境友好。智能城市作为一个综合性概念，其重要功能之一便是对城市中的制造业企业进行协调优化。

信息采集的不准确、不及时、不客观可能导致制造需求与制造力之间的差异，进而导致资源的巨大浪费。智能制造通过有效管理制造资源、监控制造过程、匹配制造需求，可以提升企业的制造效率。这种制造模式具有以下三个特点。

（1）制造和设计信息透明化。通过了解供应商的水平、价格、交货情况和信誉，以及所制造的零部件的性能和制造过程中的碳排放数据，实现了制造和设计信息的透明化，并可远程监控供应商的生产过程、零部件质量和环境影响情况。

（2）制造业企业协同化。订单需求信息可以迅速分解给各供应商，实现组织协同制造，并通过分工专业化和协同化，提高制造效率和效益。同时，对产品制造过程中的方法、不同企业的制造过程、供应链零部件的组合过程进行全面优化，以降低协同制造的成本，缩短交货期，提高质量。

（3）制造过程智能化。利用智能化技术，快速搜索零部件库中的零件，进行仿真测试，并自动集成和综合供应商的报价，快速提出解决制造过程中的协同问题和环境影响问题的预案。同时，对企业外部和内部的变化能够快速做出反应，以最合适的方式进行应对，保持制造过程的稳定性、适应性。

二、智能制造保障城市居民健康安全

城市居民关注的焦点聚集在衣食住行的健康安全等问题上。针对这一点，单纯依赖流通和销售环节的监管已不够。事实上，在产品的设计和制造阶段就应该严格控制质量，这是制造业企业应尽的责任。

制造业企业作为城市居民衣食住行健康安全的主要保障者之一，与居民生活密切相关。从产品日常使用频率来看，制造业企业生产的商品几乎无处不在。甚至许多农副产品都需要经过制造业企业的二次加工。因此，制造业企业的作用不容忽视。

通过智能制造技术，可以全面监控产品的制造过程，提高产品的安全卫生水平，保障消费者的健康安全。智能制造的实现有以下三个方面的作用。

第一，提供衣食住行健康安全的产品。这需要涉及多个专业领域的研究工作，确保产品在设计和制造过程中符合安全标准。

第二，确立一套严密、规范、科学的衣食住行健康安全保障方法。这包括标准、规范、检测技术、监控方法、制度、组织等方面的建设，以确保产品质量和安全性。

第三，提供衣食住行健康安全知识服务。通过向广大人民提供相关知识，让他们了解产品的安全特点，有助于提高衣食住行的健康安全水平。

三、智能制造优化城市结构布局

（一）优化城市结构布局的需求

城市结构布局优化的一个重要指标是确保居民的工作地点与居住地之间的距离不会太远。传统企业的发展通常要求相关企业尽可能集中在一起，以便降低物流成本和协同成本。然而，这种做法往往导致了工业园区和生活区之间的距离逐渐拉大，给员工带来了诸多不便。长途通勤不仅加剧了交通拥堵和污染程度，也导致了城市病的恶化，成为城市工业化进程中的一个主要矛盾。

在后工业化时期，西方国家的城市居民逐渐开始偏向选择中小城市作为居住地。这种趋势引发了居住郊区化和逆城市化的过程，进一步加剧了生产与居住空间的分离，最终形成了工作在城市中心、居住在郊区的长距离通勤模式。这一现象不仅成为现代西方城市发展的重要特征，也是影响居住区环境的重要因素之一。

在中国城市人居环境的发展历程中，重建微循环被视为一个不可或缺的环节。随着城镇化进程的逐渐深入，中国已经从注重数量型城镇化转向了质量型城镇化。在这一转型过程中，人们开始重视社会效应、生态效应和经济效应的同时存在，弃用了过去广泛使用的"大开大发""大拆大建"的方法，而转向了"微降解、微能源、微冲击、微更生、微交通、微绿地、微调控"等新理念。重建城市的微循环成为城市规划和管理的新原则，也是建立"两型社会"的重要基石。

智能城市的结构经过高度优化，使得居民的工作和生活变得极为便利。城市结构布局优化的目标是以智能制造技术为基础，以人为中心进行工厂布局设计，既要集中关联企业以降低物流成本和协同成本，又要避免工业园区的巨人化，形成分布化、微循环的宜居城市格局。

与此同时，外包服务的发展将会十分发达，许多员工可以在家中为不同企业提供服务。这种"我为人人，人人为我"的服务模式使得人们不再需要都集中在大城市中，从而缓解了交通拥堵的问题。

智能制造的发展不仅让城市不再无限地扩张，也让边远小镇的居民有机会参与到商业活动中来。这种趋势不仅提供了更多与大自然接触的机会，也减少了人们在交通拥堵中浪费的时间和资源。

通过智能制造和城市结构布局的优化，人们可以更好地享受城市带来的便利，而不再受制于交通拥堵和工作生活空间分离所带来的困扰。

（二）对城市结构布局有影响的智能制造技术

智能制造技术的应用为企业带来了显著的变革。通过大批量定制技术、分布自治制造技术以及智能加工装备等手段，企业实现了小型化和智能化的转变。这种转变不仅使得企业员工可以就近工作，也使得所需商品可以就近生产。这样一来，不仅减少了企业员工的通勤时间，还降低了大量物流成本和能耗。智能制造的发展为企业带来了更高的生产效率和更低的运营成本，有助于提升企业的竞争力和可持续发展能力。

1. 大批量定制技术

大批量定制技术是一项系统技术，旨在通过大批量生产的方式，以较低的成本和更快的交货速度生产个性化产品。在这一技术的背后，智能制造技术扮演着关键角色，为实现大批量定制的目标提供技术支撑。

通过大批量定制技术，传统制造业的格局得以改变。它从过去的"大规模制造、远距离运输"模式转变为新型的"小规模制造、近距离运输"模式。这种转变带来了一系列积极影响：制造效率与传统大规模制造相比并无明显下降，但运输成本和能耗却显著降低。此外，大批量定制也推动了城市结构的优化，通过产品和企业的模块化，实现了城市的模块化发展。

大批量定制技术的核心包括多个方面：产品模块化设计和制造技术、信息技术、系统管理和优化技术、物流技术等。产品模块化设计使得个性化定制产品由通用模块组成，实现了低成本的快速设计和制造。特别是网络技术与模块化技术相结合的零件库，为大范围的专业化分工和大批量定制提供了便利。

信息技术在大批量定制中扮演着重要角色。它提高了产品设计、制造、销售和资金往来的效率。例如，产品设计借助 CAD、CAE 系统辅助，制造过程得到数控机床支持，销售和资金往来则依托电子商务平台和网络银行。

系统管理和优化技术结合信息技术，有助于资源的优化配置和有效管理，包括 PDM、ERP、SCM 等系统的运用。

物流技术的快速发展为大批量定制提供了低成本、快速的交货保障，特别是在依托电子商务平台和发达物流系统的背景下，产品能够迅速送达客户手中。

2. 分布自治制造技术

智能制造系统是一种高度先进的生产模式，它基于自组织、分布自治和社会生态学原理，旨在通过设备的灵活性和计算机人工智能的控制，实现设计、加工、控制和管理过程的自动化。这种系统的核心目标是提高制造过程对高度变化环境的适应性和有效性，以满足市场对快速响应和个性化产品的需求。

分布自治制造技术是智能制造系统中的一个关键组成部分。这种技术允许制造单元在没有集中控制的情况下自主操作，同时保持整个系统的有效协调和集成。这不仅减少了对中央控制系统的依赖，而且提高了系统的灵活性和鲁棒性，使其能够更好地应对生产过程中的不确定性和复杂性。

在智能制造系统中，全能制造系统扮演着重要角色。全能制造系统基于全能组织的概念，构建了一个高度分布的制造系统体系。在这种系统中，每个全能体都是一个在一定程度上独立自主的单元，能够执行任务而无须向上级请示。同时，全能体也是上一级的控制对象以及全能群体的一部分。这种结构允许制造系统以自组织的方式动态地适应市场变化，从而提高生产效率和灵活性。

全能组织的优点在于其能构建复杂的系统，高效利用资源，对内部和外部干扰保持高度灵活性，并具有很强的环境适应能力。全能组织具有一定的自主性，能够在没有上一层组织的协助下，在其所处的特定层次上掌握环境和处理问题。同时，整体也能接受来自上层的指导，确保更大整体的有效运转。

智能加工装备是智能制造系统的另一个关键要素。这些装备具备多种特点，包括功能复合化和集中化、自适应性、智能性和一体化。功能复合化和集中化意味着工件可以在一次装加中完成多种工序的复合加工，从而提高生产效率和加工精度。自适应性允许装备快速适应不同零件的加工需求。智能性体现在装备能够进行主动振动控制、智能热屏障、智能防撞屏障、智能故障自诊断与自修复等。一体化则是指将测量、建模、加工和机器操作融合在一个系统中，实现信息共享，促进各环节的协同工作。

智能制造的分布自治制造技术通过降低制造系统的复杂性，使得分布自治制造单元能够完成复杂制造功能，帮助实现就近制造的目的。这种技术的应用有助于提高制造过程的效率和灵活性，同时减少资源的消耗和对环境的影响。

总体而言，智能制造系统通过集成先进的技术和创新的管理理念，为制造业提供了一种全新的生产模式。这种模式不仅能够提高生产效率和产品质量，而且能够增强企业的市场竞争力，满足日益增长的个性化和定制化需求。随着技术的不断进步和应用的不断深入，智能制造系统有望在未来的制造业中发挥更加重要的作用，推动整个行业的持续创新和发展。

四、智能制造提升企业员工的幸福感

智能制造在提升企业员工幸福感方面具有显著作用，这对构建幸福城市来说至关重要。企业员工的幸福程度直接影响着城市的整体幸福指数，因此智能制造的发展不仅关乎企业的竞争力，而且直接关系到城市的发展和居民的生活质量。

智能制造技术能够从多个方面满足员工的不同需求层次，进而提升其幸福感。一方面，它能满足员工的生理需求，通过提高工作效率和降低工作强度，增加员工的收入并提供稳定的工作保障，从而保障其基本生活需求。另一方面，智能制造有助于创造良好的工作环境，减少对员工健康的不良影响，满足员工安全的需要。通过将单调乏味和危害健康的工作交给机器人处理，员工的工作负担得以减轻，工作环境得以改善。

在满足员工社交和归属需求方面，智能制造技术可以建立自治制造单元，加强团队合作，促进员工之间的友爱和归属感。同时，智能机器的配合使人与机器之间形成一种相互协作、平等共事的关系，进一步提升了员工的被尊敬感。通过强调人在制造系统中的核心地位，智能制造让员工感受到自己的重要性和价值，从而增强了员工的被尊敬感和自尊心。

智能制造还能满足员工对知识和学习的需求。通过提供丰富的学习机会和透明的绩效评价机制，员工可以不断提升自己的知识水平和技能，实现个人的自我发展和成长。这种学习过程不再是单调乏味的，而是充满挑战和乐趣的，员工可以根据自己的兴趣和能力选择适合自己的工作，从而更加愉悦地投入工作中去。

另外，智能制造也能够满足员工对美好生活的追求。通过提供美好的工作环境和充满创造性的工作内容，员工有更多的机会去享受人类的物质文明和精神文明，从而提升了其工作的满意度和幸福感。最后，智能制造还能够满足员工对自我实现的需求。通过给予员工工作的自主管理权和明确的职业发展路径，员工可以更好地把控自己的工作进程和发展方向，从而实现自我价值的最大化。

第四节　制造业企业智能化转型的作用机理

一、智能化技术创新对制造业企业智能化转型的作用机理

智能化技术在制造业企业智能化转型中扮演着至关重要的角色，其作用机理是多维度和深层次的，涉及企业运营的各个方面。

首先，智能化技术的持续进步为制造业企业的智能化发展提供了动力。在现代制造业中，企业被要求充分利用先进的信息技术，将高科技技术融入生产链的每一个环节，以实现生产过程的智能化和高效化。随着社会现代化的不断深入，创新已成为企业发展的核心动力。智能化技术通过不断的创新，助力制造业企业构建起核心的竞争优势，推动企业完成智能化的转型。

其次，智能化技术的核心优势体现在其创造价值的能力上。通过智能化技术的应用，可以促进制造业企业的价值创造，并实现全流程的智能化覆盖。无论是在新产品的设计、制造，还是商业化环节，智能化技术都能发挥关键作用，帮助企业实现产品的差异化，增强市场竞争优势。

再次，智能化技术对制造业的智能化发展具有深远的影响。一方面，制造业企业对智能化技术的依赖性日益增强。制造业的发展需要巨额资金的投入，市场的不确定性给企业带来了资金风险，智能化技术的应用能够帮助企业减少不确定性因素，降低资金风险。另一方面，智能化技术能够激发制造业企业在产品创新和生产创新方面的潜力。在生产领域，智能化技术能够整合各类资源，提升生产效率，扩大企业规模；在产品开发上，智能化技术能够增加产品的附加功能，满足消费者更多元化的需求，助力企业实现产品差异化和市场竞争优势。

最后，智能化技术对制造业企业的竞争能力有重要影响。企业的竞争主要表现在需求和供给两个层面。在需求层面，企业可以依赖智能化技术的不断创新，满足客户的个性化需求，增强产品在市场上的竞争能力。在供给层面，智能化技术能够帮助企业优化从产品设计到销售的整个流程，提升生产效率，提高产品质量，增强企业的市场竞争力。

二、智能装备资源对制造业企业智能化转型的作用机理

智能装备资源是将现有制造装备进行智慧化升级后形成的现代化装备，主要包括智能机器人、高级数控机床等。与传统的数控化制造装备相比，智能装备不仅具备自动识别、分析并解决问题的能力，还能够自主运行程序并控制部分功能键的启动和关闭。这些特性使得智能装备资源在提高生产效率和节省制造业企业的人力资源方面发挥了重要作用，同时显著降低了成本。智能装备对于制造业企业的重要性已经得到了企业、社会与政府等各

方的认可，国家亦出台了一系列政策以促进智能装备的发展，如《中国制造2025》。该政策提出，智能装备的发展不仅能够有效促进制造业企业的智能化发展进程，还能够推动整个制造业行业的创新发展。

总而言之，制造业企业的智能装备资源不仅可以运用于产品的设计和研发方面，还能够实现生产工艺和生产技术的创新。智能装备资源已经成为企业实现现代化发展的重要战略资源。从生产流程的角度来看，智能装备资源实现了生产线的自动化和生产工艺的进步，与传统生产方式相比，达到了更高的精细程度。因此，智能装备资源是企业实现生产过程智能化的基础，是制造业企业进行智慧化升级所必备的硬件支撑，在制造业企业的转型发展中起着关键性作用。

智能装备资源的重要作用在于能够实现生产过程的自动化，通过电脑终端实现生产装备的一键化操作，降低企业用人比例，优化企业人力资源配置。这不仅能够降低企业的劳动力投入，还能实现产品生产的标准化操作，减少因人工操作失误带来的资源损耗。智能装备资源拥有庞大的数据库，能够自主识别生产过程中出现的问题类型，然后自动匹配最优解决方案。这一特性降低了企业在生产过程中对人力资源的依赖，与传统的人力控制生产过程相比，智能装备资源的执行力更强，发现问题的速度更快、更准确，大大提高了企业的生产效率。

智能装备资源在制造业企业的应用，不仅体现在生产过程的智能化上，还能为企业的整体运营带来深远的影响。智能装备能够通过数据分析与反馈机制，持续优化生产流程，提高生产质量和生产速度，使企业在激烈的市场竞争中占据有利位置。智能装备资源的推广应用，将进一步推动制造业向智能化、数字化、网络化方向发展，为制造业企业的现代化转型提供坚实保障。

此外，智能装备资源还促进了制造业企业的可持续发展。通过精确控制和高效运作，智能装备能够减少能源消耗和废料产生，实现绿色生产。智能装备在环保方面的优势，不仅符合当前全球对环保和可持续发展的要求，还提升了企业的社会责任形象，增强了市场竞争力。

三、智能化服务平台对制造业企业智能化转型的作用机理

智能服务平台是通过先进的信息技术与制造业的行业特点相结合构建的系统，旨在保障制造业企业各类智能化系统的平稳运行。其核心在于在自控技术的基础上，整合现有的信息通信技术，以实现生产机器、生产环境及信息等生产要素的实时互动，以及各类生产装备的有效协作，从而优化企业内部现有资源的分配，并进行动态调整，确保生产效率的最大化。

制造业企业的智能服务平台具备智能管理的能力，其基础体系由机械技术与信息技术

共同构建，具有高机械化程度、自主性强及创新性高的特点。这一平台不仅能够实现信息技术中的自主感知与自动控制，而且建立了庞大的信息交互网络。它能够将现实中的生产过程、生产环境及生产装备通过信息技术传输到虚拟生产空间中，实时监控并将异常情况反馈给管理员。这一技术可以应用于生产的全流程，持续对生产技术进行升级改造，为现有制造行业的生产模式创新提供新的思路。

智能服务平台在生产流程中能够介入制造装备的状态监测环节、问题分析环节、最优方案决策环节及方案执行环节，通过现实生产空间和虚拟生产空间的联动，实现生产数据在生产过程中的流转，不仅提高了信息的利用率，而且将制造装备生产过程中的复杂问题简单化，降低了人为决策的错误率，进一步提高了制造业企业的生产制造效率。

在制造装备的状态监测环节，智能服务平台分析现实世界中制造装备的生产运行状态，科学分析监测到的异常情况，发现问题所在。最优方案决策环节则是通过智能服务平台的知识储备提出解决问题的最佳方案，方案执行环节则是通过智能操作系统精准执行平台提出的解决方案，以此保证生产制造过程的顺利进行。对制造业企业来说，智能服务平台实现了从产品研发到产品生产，最终到产品销售及服务等全流程的数据化管理，不仅具备先进的科学知识，而且结合了实践操作经验，是赋能制造业企业全流程智能化的重要技术支撑。

在实际操作过程中，智能服务平台对生产数据进行了全面收集、科学处理及精准传输，打通了制造装备、生产线、生产车间甚至整个企业工厂的生产体系间的数据交互通道，实现了生产数据的流动及生产资源的实时监控。智能服务平台覆盖的数据收集和传输范围非常全面，对问题数据的灵敏度也很高，为生产数据的高效流动提供了可靠平台。

在产品方面，智能服务平台可以将企业内部生产流程与外部客户需求相联系，将顾客纳入研发、生产等价值创造体系中，不仅能够增强顾客的消费体验，企业还可以根据顾客需求及时调整产品设计方案，以满足顾客多样化的消费需求。

此外，智能服务平台也能介入制造业企业的管理过程。一方面，平台可以建立企业内部各个部门的信息交流通道，尤其是加强生产部门和职能部门之间的信息交换，减少信息差异；另一方面，平台还搭建了企业内部和企业外部信息流动的渠道，包括竞争者的发展、政府政策的调整以及顾客群体的动态变化等，减少信息不对等情况的发生。

四、数字化应用能力对制造业企业智能化转型的作用机理

数字化应用能力是企业收集数据资源，并通过大数据技术分析企业发展现状、预测业务进展水平的能力。通过数字化应用，制造业企业能够时刻关注外部环境的变化，并不断调整发展方向，实现动态发展。对于制造业企业来说，数字化发展利用的是生产制造中产生的数据资源，这些资源中包含了详细的生产制造过程，而通过数字化应用，企业可以有效促进内部信息的流通效率。

制造业企业的数字化应用能力主要包括基础设备和技术应用两方面的能力，基础设备包括硬件设备的购置和软件设备的搭建。硬件设备的要求是能够进行大范围的数据收集，并为数据分析的顺利进行提供设施保障。软件设备的要求则是能够实现所有数据的精准分析。不论是硬件设备还是软件设备，都需要结合企业的发展需求，不断通过先进的信息技术、计算机技术等进行升级改造。

数字化应用的基础设备能够实现数据资源在企业内部各部门间的自动流转，打破了生产部门和管理部门间的信息不对称。这不仅提高了数据应用的效率，而且能够提升企业管理部门的管理水平，使其发布的管理方案能够更有效地促进生产效率的提高。数字化应用能力就是企业对数据的收集、分析以及利用分析结果提出解决方案或优化方案的能力。对于制造业企业来说，数字化应用能力可以跟进外部资源的变化，进而提升产品与市场需求的匹配程度，并且通过数字化技术的分析结果，优化内部资源配置，在降低生产线人力资源投入的基础上提高产品质量。

此外，数字化技术的应用为制造业企业打造了一个虚拟空间。在这个空间中，企业不仅可以对生产流程进行整体监测，统筹管理企业资源，还可以整合企业内部资源和外部资源，加快并扩大数据的流通速度和流通范围。这会促进企业向着数字化的方向发展。

数字化应用能力还包括对数据分析结果的实际应用。通过对收集到的数据进行分析，企业可以识别出生产过程中的"瓶颈"和效率低下之处，并制定相应的改进措施。这些措施不仅可以提高生产效率，而且可以降低生产成本。通过对数据的持续分析，企业能够实现持续改进，从而在激烈的市场竞争中保持领先地位。

数字化应用能力还体现在企业对市场变化的快速响应能力上。通过对市场数据的实时分析，企业可以及时调整生产计划和销售策略，以适应市场需求的变化。这种快速响应能力不仅可以帮助企业抓住市场机会，还可以避免由于市场变化带来的风险。

数字化应用能力还能够促进企业内部的协同合作。通过数据的共享和透明，企业各部门之间可以更好地协同工作，提高整体运营效率。例如，生产部门可以根据市场部门提供的销售预测数据调整生产计划，从而避免生产过剩或短缺的问题。同时，管理部门可以根据生产部门提供的数据优化资源配置，提高整体运营效率。

数字化应用能力还可以帮助企业提升客户服务水平。通过对客户数据的分析，企业可以更好地了解客户需求，提供更有针对性的产品和服务。这不仅可以提高客户满意度，还可以增强客户忠诚度，从而提升企业的市场竞争力。

五、网络化协同交互能力对制造业企业智能化转型的影响

网络化协同交互能力的核心在于人与机器、机器与机器以及机器与企业管理平台之间的协同与交互。其本质在于通过互联互通技术，将人、机器、设备和服务连接在一个统一

的信息物理系统中，并在这个系统中持续互动和保持协同，从而促进企业的智能化转型。

在智能化转型过程中，制造业企业不断开发各种系统和软件，旨在满足不同的目的和需求。然而，这种开发往往导致企业内部的业务或部门变成孤立的数据模块，彼此之间缺乏有效的整合。智能化转型的目标是实现企业的纵向和横向集成，以及端到端的集成，从而在更大范围内优化资源利用。通过互联互通技术，在制造业企业内部的生产运营过程中，各种接口、模式和终端能够相互匹配，并整体连接形成一个循环体系。在这个体系中，产品之间、产品与机器设备之间，以及机器与机器之间的所有链接构成了智能生产流程的核心，这些链接能够生成大量的数据，这些数据成为智能化转型的关键资源。

智能交互主要表现为三个方面：人机交互、机机交互和机器与平台的交互。人机交互通过提高双方的黏性，增强了人与机器的协同工作效率；机机交互则提升了对生产活动的控制能力，使得生产过程更加精准和高效；机器与平台的交互则大大提高了经营活动的效率和规划的便捷性。这种多层次的智能交互，使得企业能够在各个环节实现高效协同，进而提升整体运作效率。

网络化协同借助新一代信息技术，将多方相关利益主体纳入一个综合互通的体系内，跨越时间和空间的隔阂，实现多方资源的融合和共享。这种协同具有开放、共享和协作的特点，能够在降低成本的同时，实现高效的智能协作运行。

网络化协同涉及两个主要层面：①从部门延伸到企业间，协同范围不断扩大和层级不断提升。以研发设计阶段为例，通过设计软件和系统平台的辅助，设计研发过程能够延伸到制造、采购和营销等环节，打破研发边界，实现更广泛的参与，多线并行大大提高了研发效率。②从企业延伸到产业链，通过信息技术的广泛应用，企业业务逐渐在线化，并从企业内部向整个产业链扩展。各类平台支持这一过程，实现企业与企业之间的协作，共同提升整体效率，推动业务活动的顺利开展。

六、柔性生产能力对制造业企业智能化转型的作用机理

柔性生产能力的评估主要关注制造业企业生产线在面对各种资源需求时的灵活应对能力。这种能力包括对产品种类、生产规模、交付周期、设备配置、人员调度、布局调整以及供应链管理的适应能力。制造业企业通过整合生产制造执行系统（MES）、制造运营管理系统（MOM）以及管理控制系统（MCS），实现生产流程的智能监控和控制，从而提高生产效率和柔性化程度。这些系统的应用使生产计划、工艺路线管理、生产进度跟踪等模块化管理得以实现，极大地提高了制造资源的利用效率，并优化了企业内部各部门的协调配合，使企业在整体生产流程中能够灵活调整，提升效率和柔性。

单件批量生产要求制造业企业具备高度的柔性生产能力，而这种能力的获得并非一蹴而就，而是需要企业持续的时间和资本投入。目前，生产方法正朝着精细化和柔性化的方

向发展。制造业企业借助各类管理信息系统、物联网技术和数字工厂平台等信息化手段，实现制造过程的快速库存周转和灵活反应，以满足市场对个性化和多样化需求的快速变化。这样的趋势表明，柔性生产已经成为制造业发展的重要方向。

在我国，制造业智能化转型正沿着信息化、数字化和智能化的层级稳步推进。通过信息技术对大型生产线和柔性制造系统进行全面升级，制造业企业能够基于动态重构的生产系统自适应和自我学习的能力，在保障生产效率的前提下，快速进行设备组合和调整，以适应不同的生产任务和要求，实现生产流程的优化和资源利用的最大化。

柔性化生产线的建成，使企业不仅能够实现规模效应，降低制造成本，还能对接更多类型的客户，实现从制造端到客户端的无缝衔接。这种衔接不仅能使客户在任何时间和地点获得产品交付或体验服务，还能通过ERP系统自动处理整个活动产生的信息。在系统协同下，企业内部可以同步设计信息，并将生产信息实时收集并上传至制造系统中，确保全方位的质量监控，形成闭环的制造流程，从而保障生产质量的稳定和可靠。

柔性生产能力还体现于供应链采购体系的升级。制造业企业通过ERP系统等信息技术手段，与上下游供应商建立起供销一体的网络，达到生产流程中采购环节的数字化集成。ERP系统不仅对整体资源进行全面管理和监控，还涵盖了供应商的资质认证、采购合同签订、供货情况跟踪、生产物料跟踪等方面，使制造过程更加高效、透明和可控。具体而言，销售订单和生产指令能够通过ERP系统实现无缝衔接，这种信息化手段确保了相关数据的集成和共享，避免了由于信息传递不及时或不准确导致的生产计划延误或生产线闲置等问题。同时，数字化的供应链采购体系还可以帮助企业更好地预测市场需求，优化采购计划，降低采购成本，并提高生产计划的准确性和灵活性。ERP系统与生产过程执行系统等的协同作用，可以显著提升企业的采购效率。

此外，制造业企业通过集成应用工业机器人、生产制造执行系统等技术，实现生产线、人力资源和物料的协调配置，达到生产线的高度自动化和智能化。这不仅提高了生产计划的精确度和响应速度，也使得生产过程更加灵活、高效。在这种高度自动化的环境中，企业能够迅速响应市场变化，调整生产策略，以满足不同客户的需求。

七、智能化战略对制造智能化转型的作用机理

智能化战略作为制造业企业实现全面转型的关键手段，涉及新一代信息技术的广泛应用，目标在于实现生产流程和价值链的数字化管理和智能化决策。通过将生产线和供应链上的各个节点连接起来，智能化战略不仅提升了资源共享和协同能力，也提高了生产效率和产品质量。供应链的协调性和配合度的改善，增强了企业的市场竞争力。战略的本质是组织为了实现其基本使命和目标，所采取的长期规划和决策。它涵盖了组织长远目标和愿景的制定，与组织目标相适应的政策和流程的设定，资源配置和利用方式的确定，以及应对不确定和变化环境中的挑战和机遇的能力。

企业战略是制造业企业总体发展方向和目标的宏观规划，决定了企业在市场中的地位和角色，并明确了如何利用资源和优势来实现其目标。合适的企业战略能够有效应对制造业企业智能化转型的复杂性，并为企业提供切实可行的转型升级路径。在智能化技术不断发展的背景下，制造业企业面临智能化转型的选择，只有当战略与内外部环境相互协调，才能实现智能化转型的目标。

智能化转型是制造业企业应对不断变化的市场和竞争环境所采取的新战略，涉及企业的全面数字化、自动化和智能化。这一过程关乎企业全局，智能化战略的核心要素包括资源要素、核心能力和系统创新三方面。资源要素包含数据资源、技术资源、人力资源和物质资源等，其中数据资源是智能化转型的重要基础，技术资源是保障，人力资源是支撑，物质资源是基础。核心能力涵盖创新、技术、管理和营销四个层面，其中创新能力是核心驱动力，技术能力是核心支撑，管理能力是核心保障，营销能力是核心竞争力。系统创新体现在业务板块、产品和管理三个方面的分维度创新。

智能化战略作为企业行动的引领，为确保其在企业范围内的广泛推广和实施，制造业企业必须在内部实现互联互通，使信息在企业内部畅通无阻地传播。同时，在企业外部，制造业企业需与相关联企业通过平台等手段进行合作链接，最终实现产业集群效应。通过将不同企业和工厂联合起来，实现资源共享和协同，提升整个产业的效率和生产能力。制造业企业通过整合新一代人工智能技术和现有制造流程，实现智能化转型，使工业机器具备自主感知、自主决策、自主执行等智能能力，从而在某种程度上替代人脑与体力。

智能化战略的实施需要制造业企业具备强大的数据管理能力。数据资源是智能化转型的基础，通过对大量生产数据的采集、存储和分析，企业可以实现对生产流程的全面监控和优化。技术资源则是智能化转型的重要保障，先进的生产技术和信息技术的应用可以显著提高生产效率和产品质量。人力资源是智能化转型的支撑，企业需要培养一支既懂生产工艺又掌握信息技术的复合型人才队伍。物质资源是智能化转型的基础保障，包括先进的生产设备和信息系统的建设。

在核心能力方面，创新能力是智能化转型的核心驱动力。制造业企业需要不断进行技术创新和管理创新，以保持技术领先和管理效率的提升。技术能力是智能化转型的核心支撑，通过引进和应用先进的生产技术和信息技术，企业可以实现生产流程的自动化和智能化。营销能力是智能化转型的核心竞争力，通过创新市场营销策略和手段，提高产品的市场竞争力和占有率。

系统创新是智能化转型的重要内容，业务板块的创新是智能化转型的关键聚焦点。企业需要不断优化和创新其业务流程，通过应用新技术和新方法，提高业务的灵活性和响应速度。产品创新是智能化转型的重要手段，通过不断开发和推出新产品，满足市场和客户的需求，提升企业的市场竞争力。管理创新是智能化转型的重要保障，通过优化企业的组织结构和管理流程，提升企业的管理效率和决策能力。

在智能化战略的实施过程中，企业内部需要实现信息的互联互通，通过建立统一的信息平台，实现信息在企业内部畅通无阻的传播。在企业外部，制造业企业需要与相关联企业通过平台等媒介进行合作链接，通过资源共享和协同，提高整个产业的生产效率和生产能力。

八、绿色动态能力对制造业企业智能化转型的作用机理

绿色动态能力，是指企业在面对环境变化和推动可持续发展过程中所具备的适应性和创新性能力。这一能力在制造业企业智能化转型过程中发挥着至关重要的作用。随着社会对环保和可持续发展的需求不断提高，制造业企业的绿色化转型已成为必然趋势。在这一过程中，绿色动态能力成为企业能够成功转型的重要因素。

首先，绿色动态能力能够有效促进企业的绿色创新。绿色创新不仅包括技术和产品的创新，还涉及工艺、管理和商业模式的创新。通过不断学习和吸收新的绿色知识，企业可以在技术研发和工艺改进方面取得突破，开发出更加环保和节能的产品和工艺。同时，绿色动态能力还可以帮助企业更好地识别和利用外部的绿色资源和机会，形成新的商业模式和市场机会，增强企业的市场竞争力。

在工艺创新方面，绿色动态能力使企业能够在生产过程中更好地考虑环保因素。企业可以通过研究和实践不同的工艺方法和技术，找到更加环保和节能的生产方式，减少原材料和能源的消耗，降低废弃物和污染物的排放，实现资源节约和低成本优势。这种绿色工艺创新不仅有助于企业提高生产效率，降低生产成本，还能增强企业的市场竞争力和提升社会形象。

在产品创新方面，绿色动态能力帮助企业在设计和开发新产品时，注重产品的环保性能和可持续性原则。企业可以采用可循环再利用的材料，设计出更加节能的产品，或者提供更加环保的生产和使用指南。这种绿色产品创新不仅满足了消费者对绿色环保产品的需求，提高了企业的品牌声誉，还能够为企业带来新的市场机会和商业收益。

其次，绿色动态能力对企业管理者的影响尤为重要。管理者的绿色环保意识和态度在很大程度上决定了企业在绿色转型中的投入和执行力度。具有较强绿色动态能力的管理者会主动承担环保责任，积极学习和掌握最新的环保政策和技术，并将这些知识传递给企业的各个部门。通过这种自上而下的传导机制，整个企业的绿色意识和行动能力将得到显著提升，有助于形成一个全面、系统的绿色管理体系。

再次，绿色动态能力还在绿色品牌形象的树立和维护中发挥了重要作用。具有较强绿色动态能力的企业通常能够更好地宣传和推广其绿色品牌形象，通过推出绿色产品和服务、

发布绿色报告和社会责任报告、参与绿色公益活动等方式，增强公众对其绿色形象的认知和信任。这不仅提高了企业的社会形象和美誉度，还能够吸引更多的消费者和合作伙伴，进一步增强企业的市场竞争力。

最后，在智能化转型过程中，绿色动态能力的作用更为显著。智能化转型要求企业在生产、管理和服务等方面全面应用新一代信息技术，而绿色动态能力能够帮助企业更好地整合这些技术，实现绿色与智能的融合。通过应用大数据、物联网、人工智能等技术，企业可以实现对生产全过程的实时监控和优化，提高资源利用效率，降低能源消耗和环境污染，实现绿色智能制造。

第二章　智能制造的数字支撑技术

随着信息技术的迅猛发展，智能制造正逐渐依赖一系列数字支撑技术实现其高效运行和持续优化。本章将重点论述人工智能、云计算、物联网和大数据等关键技术在智能制造领域的应用场景和潜在价值。这些技术不仅是智能制造的核心驱动力，也是实现制造业数字化转型的关键所在。研究这些技术对于推动制造业的智能化、网络化、服务化具有重要意义，有助于提升制造业的竞争力和创新能力。

第一节　人工智能技术

近年来，人工智能的蓬勃发展备受瞩目，已成为科技界和大众关注的焦点。尽管在发展过程中面临诸多困难和挑战，但人工智能已创造出众多智能产品，并预示着在更多领域将推出超越人类智能的产品。这一发展趋势将为改善人类生活做出更大贡献。随着技术的不断进步，人工智能的潜力将不断释放，其应用范围也将不断扩大，将为人类社会带来更多的便利和进步。"人工智能是新一代'通用目的技术'，对经济社会发展和国际竞争格局产生着深刻影响。"[1]

智能，作为一种广泛而复杂的概念，涵盖了学习、理解和适应环境的能力，以及应对新的挑战和困境的能动性。它的基本要素包括对环境的适应性、对偶然事件的反应能力、对模糊或矛盾信息的辨识能力，以及在孤立情境下寻找相似性、创造新概念和思维模式的能力。

自然智能，是指人类和某些动物所拥有的智力和行为能力。人类智能被描述为一种具有多样性且又有相似性的大杂烩，由许多具有各自构成和运作机理的智能个例或样式组成。每个智能都是通过一定生物模式实现的功能模块，它们的集合形成了人类智能的不同层次的复合能力。人类智能表现为有目的的行为、合理的思维，以及对环境变化的灵活适应能力。智力被认为是获取知识并将其应用于解决问题的能力，而能力则是在完成特定目标或任务时所展现出的素质。

---

[1] 张鑫，王明辉. 中国人工智能发展态势及其促进策略[J]. 改革，2019（9）：31.

人工智能是相对于人类自然智能而言的，是一种通过人工方法和技术在计算机上实现的智能。它旨在模拟、延伸和扩展人类智能的范畴。人工智能是在机器上实现的，因此也被称为机器智能。人工智能包括有规律的智能行为，即计算机能够解决的问题。然而，与人类自然智能相比，计算机目前仍无法完全解决无规律的智能行为，如洞察力和创造力等方面的问题。这仍然是人工智能领域需要不断努力和探索的方向之一。

一、人工智能学科体系的构成

（一）人工智能理论基础

人工智能学科的发展离不开其理论基础的支撑。就像任何一门正规学科一样，人工智能也需要一个完整的理论体系来指导其研究和实践。目前，人工智能已初步形成了一个相对完整的基础理论体系，这为整个学科的发展奠定了坚实的基础。这些基础理论主要探讨了如何通过模拟人类智能的方法来建立一般性的理论，从而解决各种与智能相关的问题。

与此同时，人工智能作为一门应用性学科，其核心价值在于将理论知识应用到实际场景中。在基础理论的支持下，人工智能与各个应用领域相结合，不断探索并产生了许多应用技术。这些技术可以看作人工智能学科的下属分支学科，它们与具体的应用领域密切相关。随着人工智能的发展，这种与应用领域相关的分支学科也在不断增加。

（二）人工智能应用技术

人工智能应用技术的研究，依然以模拟人类智能的方法为基础，但着重于与各个应用领域的融合。通过将人工智能技术与具体应用场景相结合，可以解决各种实际问题，推动各行业的发展和进步。

（三）人工智能的计算机应用开发

人工智能是一门致力于通过计算机模拟人类思维和行为的学科，其核心在于利用计算机技术，构建具备智能能力的系统，以实现对特定智能活动的模拟与执行。无论是在何种应用场景中，人工智能的最终目标始终是通过计算机技术来开发和完善这些智能系统，使其能够在实际操作中表现出类似人类的智能水平和处理能力。这一过程不仅涉及对智能算法的研究和优化，而且需要将这些算法有效地集成到计算机系统中，从而实现预期的智能活动模拟。"大数据与人工智能都是现代信息技术的主要分支，已被广泛应用到人们的生产生活当中，尤其是在工业生产领域，基于大数据和人工智能的生产技术优化与生产模式完善都十分常见。"[1]人工智能的计算机应用开发关注的是智能模型的实现与优化。

人工智能学科体系分为以下三个相互依赖的层次：①基础理论作为整个体系的底层，奠定了坚实的理论基础。②应用技术在基础理论的支撑下，构建了各个应用领域的技术体

---

[1] 利锐欢，谢玉祺.基于大数据的安全生产人工智能应用分析[J].科技资讯，2022，20（14）：76.

系。这一层次依托基础理论的发展，确保了技术的科学性和实用性。③在前两层理论与技术的基础上，运用现代计算机技术，构建出能够模拟智能活动的计算机系统，作为人工智能的最终目标。这种层次结构确保了人工智能的发展具有坚实的理论依据、有效的技术手段和明确的应用方向。

二、人工智能的理论基础

（一）知识的表示形式

人工智能研究的基本对象是知识，其研究内容围绕知识展开，包括知识的表示、组织管理与获取等方面。在人工智能领域，知识的表示形式因不同应用环境而异，目前常用的表示方法多达十余种。其中最常见的有谓词逻辑表示、状态空间表示、产生式表示、语义网络表示、框架表示、黑板表示以及本体与知识图谱表示等多种形式。这些表示方法各有其特点与适用场景，旨在有效地组织和利用知识，以实现人工智能系统的智能化操作。通过对知识的深入研究和合理表示，人工智能能够在复杂的环境中进行推理、决策和学习，从而不断提升其在各类实际应用中的表现和效率。知识的多样化表示形式是人工智能发展的关键，它为系统提供了丰富的工具和方法，以应对不同的挑战和需求。

（二）知识组织管理

知识组织管理即知识库，它作为存储知识的实体，承担着多项核心管理功能。这些功能包括知识的增加、删除和修改，以及知识的查询和获取（如通过推理）。此外，知识库还负责知识控制，确保知识的完整性、安全性和故障恢复能力。知识库的管理基于统一的知识表示形式，这意味着在一个知识库中，所有管理的知识都以一种特定的形式表示。通过这种统一的管理方式，知识库能够有效地组织和维护大量复杂的信息，为用户提供可靠的知识服务。

（三）知识推理

人工智能研究的核心内容之一是知识推理。推理过程包括从一般性知识出发，通过特定方法获取具体知识的步骤，被称为演绎性推理。符号主义学派对此进行了深入研究。知识推理的方法多种多样，会因知识表示的不同而有所变化。常见的方法包括基于状态空间的搜索策略和基于谓词逻辑的推理等。这些方法各有特点，适用于不同的应用场景，推动了人工智能在复杂问题求解中的发展。

（四）知识表示

人工智能研究的另一个核心内容是知识表示，即如何将知识以一种计算机可以处理的形式表示、存储和管理。知识表示包括符号表示和子符号表示，其中符号表示是通过逻辑表达式或规则来描述知识，而子符号表示则通过向量或矩阵等数学结构来实现。知识表示的目的是使计算机能够理解、推理和利用这些知识，从而解决复杂问题。不同的方法在知识表示中各有优缺点，符号表示常用于明确规则和关系的场景，而子符号表示则适合处理模糊和不确定性信息。知识表示在人工智能的发展中起着至关重要的作用，是实现智能系统理解和处理复杂信息的基础。

（五）智能活动

智能活动是行为主义学派研究的重要领域。行为主义认为，智能体的活动是由环境中的感知器所触发的，这些感知器感知到外部环境的变化或刺激后，启动智能体的智能活动。智能体在进行这些活动时，依赖执行器来对环境产生影响，执行器根据智能活动的结果进行相应的动作或反应，从而在环境中产生可观察的效果。通过这种方式，行为主义将智能活动视为感知器和执行器之间的互动过程，强调环境对智能体行为的决定性作用。

三、人工智能的应用领域

在人工智能学科中，许多学科分支以具体应用领域为背景。这些分支的研究以基础理论为手段，以领域知识为对象，通过两者的融合，旨在模拟该领域的实际应用。这些学科分支内容丰富，并且随着技术进步和应用需求的变化而不断发展和演变。以下是当前较为热门的应用领域分支。

（一）声音、文字与图像识别

人类通过五官及其他感觉器官接收与识别外界多种信息，其中以听觉与视觉为主，占到所有获取信息的90%以上。这些信息以文字、声音、图形、图像等形式呈现，并通过模式识别进行处理。模式识别是一种仿效人类识别能力的计算机技术，主要包括声音识别、文字识别和图像识别。声音识别涵盖语音、音乐等，文字识别则涵盖手写文字、印刷文字等多种形式，而图像识别包括指纹、个人签名以及印章等的识别。这些模式识别技术在现代社会中发挥着重要作用，为信息处理和应用提供了有效手段。

（二）智能机器人

智能机器人一般被分为工业机器人与智能机器人，而在人工智能领域，通常所指的是后者。智能机器人并非必须具备人类外貌，但必须具备人类的基本功能，如感知、思维处理和执行任务等。这种机器人是由计算机及相关机电设备构成的类人机器。其核心在于模拟人类思维与行为，以实现更加复杂的任务。因此，智能机器人的发展旨在实现在不同领域对人类的辅助与替代，从而提高生产效率和生活品质。

（三）机器博弈

机器博弈，作为智能活动的一种典型表现，以其高度的智能性备受关注。人机博弈、机机博弈以及单体、双体、多体等多种形式，构成了其丰富多彩的形态。从传统的棋类博弈到现代的多种博弈类游戏，机器博弈跨越了多个领域。其重要性不仅在于它是传统博弈的延续，更在于它对人工智能水平的体现与推动。各大知名公司的投入与研究，不仅仅是对机器博弈本身的关注，更是对人工智能领域未来发展的一种战略投资。因此，机器博弈的研究与开发不仅是当下的趋势，更是未来人工智能领域的重要路径之一。

（四）智能决策支持系统

在政府、单位和个人日常生活中，决策扮演着重要角色。无论是公司投资、政府军事行动还是个人高考志愿填报，都需要仔细思考和权衡各种因素后做出决策。决策本身是一项高智能活动，它需要理性思考、全面分析和科学实施。智能决策支持系统的出现，为决策提供了新的思路和工具。通过模拟和协助人类的决策过程，这些系统能够帮助决策者更科学、更合理地做出选择。因此，在面对各种重大事件时，政府、单位和个人可以借助智能决策支持系统，提升决策的效率和准确性。

（五）知识工程与专家系统

在知识工程与专家系统的领域中，计算机系统被用来模拟各类专家的智能活动，以实现用计算机取代专家的目标。知识工程作为应用性理论，旨在指导计算机模拟专家的活动，而专家系统则是在知识工程的理论框架下实现具备某些专家能力的计算机系统。这种模拟专家活动的方式为解决各种复杂问题提供了新的途径，也展现了人工智能在模拟人类智慧方面的潜力。

（六）计算机视觉

在人类获取外界信息的方式中，视觉占据最为重要的一环。因此，对于人类视觉的研究被赋予了特殊的重要性，这一领域在人工智能中被称为计算机视觉。计算机视觉的核心任务是模拟人类视觉功能，使计算机能够描述、存储、识别和处理人类所观察到的外部世界中的各种元素，无论是静态的还是动态的，二维的还是三维的。其应用广泛，涵盖了人脸识别、卫星图像分析与识别、医学图像分析与识别以及图像重建等诸多领域。因此，深入研究计算机视觉不仅对于人工智能的发展至关重要，也将在诸多领域为人类带来实际的应用与价值。

第二节 云计算技术

云计算作为当今 IT 行业的新兴技术，备受瞩目。近年来，其发展势头愈加迅猛，逐渐成为各大企业和互联网建设的重点考虑对象。云计算的快速发展不仅推动了新的互联网服务模式的诞生，也催生了一场技术领域的革命。在国内外，云计算产业呈现蓬勃发展态势，相关产品和服务层出不穷，并广泛应用于各个行业和领域。

云计算本质上是一种虚拟计算资源，由多个大型服务器组成，包括计算服务器、存储服务器和宽带资源等。通过自我维护和管理，用户可随时获取所需资源，不必关注细节，从而提高了工作效率并降低了成本。然而，云计算的类型各异，各具特色，无法用统一概念概括。必须结合商业模式的特殊性，找出所有云计算共有的典型特征，才能得出更为全面的概念。

一、云计算的特点

云计算作为一种新型的计算模式，以其可扩展性、灵活自如以及根据需要使用等特点，获得了学界和业界的一致好评。其基本特点主要包括提供自助服务、网络访问方式多样化、资源池动态扩展、速度快且弹性大、可评测的服务、客户界面友好、根据需要配置服务资源、保证服务质量、拥有独立系统以及具有可扩展性和极大的弹性等方面。

第一，云计算提供自助服务的特点使得客户可以根据自身需要使用计算资源，并且无须与提供服务的开发商直接交流，从而极大地方便了客户的操作。

第二，多样化的网络访问方式使得客户可以使用各种类型的客户端在互联网上访问资源池，满足了不同客户的需求。再者，资源池的动态扩展以及快速弹性的特性使得云计算在分配和释放资源方面具有很大的灵活性，从而能够满足客户的多样化需求，并且有效打破了时间和数量的限制。

第三，云计算提供的服务可评测性使得系统能够自动控制资源分配，为客户提供更合理的服务，使得整个服务更加透明化。相较其他计算模式，云计算的客户界面更为友好，能够保留客户先前的工作习惯，同时安装成本也较低，大大方便了客户的使用。

第四，云计算还能根据客户的需求配置服务资源，并且保证服务质量，这点对于客户而言是非常重要的，因为他们能够享受到高质量的计算环境而无须担心质量问题。此外，云计算的独立系统和透明化的管理模式也为客户提供了更加安全可靠的环境。

第五，云计算具有极大的可扩展性和弹性，能够满足客户多样化的需求，这也是区分其与其他计算模式的本质特征。云计算服务可以向多方面扩展，如地理位置、硬件功能、软件配置等，使得客户能根据自身的需求进行灵活选择。

二、云计算的种类

云计算作为一种新型的IT模式，通过互联网向客户提供服务和资源。其特点在于可以根据客户的需求，灵活地提供各种软件和硬件资源。目前，许多大型IT企业、互联网提供商以及电信运营商都在积极拓展云计算服务。根据部署方式的不同，云计算可以分为私有云、公有云、混合云和社区云四种类型。这种多样化的部署方式，能够更好地满足不同客户的需求，为其提供更加个性化和有效的服务。

（一）公有云

随着信息化技术及云计算技术的发展和普及，企业在传统客户关系管理和拓展方面所面临的挑战日益显现。针对这一问题，云计算企业纷纷推出公有云服务，以提高效率。公有云服务是一种面向广大大众、行业组织、学术机构、政府部门等的云计算服务，由第三方机构负责资源调配，用户可以通过互联网进行接入和使用。在当前情况下，公有云服务成为企业解决传统管理方式弊端的主要途径，为其提供了更为便捷和高效的信息化解决方案。

1. 公有云的优点

公有云作为一种信息技术服务模式，具有多方面的优势。

（1）公有云展现了令人瞩目的灵活性。用户可以即时配置和部署新的计算资源，从而使他们得以将精力投入更为关键的业务领域，提升整体商业效益。此外，公有云还赋予用户在运行过程中根据需求灵活调整计算资源组合的能力，为企业提供了更为便捷的服务。

（2）公有云具备良好的可扩展性。随着应用程序使用量和数据规模的增长，用户可以轻松地根据需求增加计算资源。部分公有云服务商更是提供了自动扩展功能，使用户能够实现计算实例或存储的自动增加，进一步简化了运维管理的复杂度。

（3）公有云的第三大优势在于其具有的高性能。对于需要借助高性能计算（HPC）的工作任务，企业如果选择在自建数据中心安装 HPC 系统，往往需要承担巨大的成本。相比之下，公有云服务商能够轻松部署并安装最新的应用与程序，为企业提供按需支付的高性能计算服务，这显著降低了企业的运营成本。

（4）公有云还具备较低的总体成本。由于规模效应，公有云数据中心能够获得大量的经济效益，进而为用户提供相对较低的产品定价。此外，使用公有云还能够节省其他成本，如员工成本、硬件成本等，使企业在信息技术投入方面更具竞争力。

2. 公有云的不足

公有云的不足体现在两个方面：首先，安全问题是其中之一。企业将数据存储在云端时，无法完全确保数据的安全性。公有云规模庞大，覆盖用户多样，易成为黑客攻击的对象。其次，成本不可预测也是一个挑战。虽然按需付费模式降低了成本，但也带来了意外的花费。这种双刃剑效应使企业难以掌握云计算成本，增加了经营的不确定性。因此，企业在选择是否采用公有云时需要权衡利弊，并寻找解决方案来应对这些挑战。

（二）私有云

"随着在云存储领域的应用范围日渐扩大，公有云存储的安全性问题也越来越凸显，不少企业为了考虑公有云的安全性问题而选用了私有云。"[1]私有云作为一种信息技术解决方案，主要适用于企业或组织内部。采用私有云的优势在于其能够严格掌控安全性和服务质量。一般情况下，私有云的运营和管理责任由企业或第三方机构承担，亦可合作共同管理。其核心属性在于专有资源，这一特征确保了企业数据的隐私性和安全性。私有云的实施需要充分考虑组织的需求和资源配置，以确保其有效性和长期可持续性。

1. 私有云的优点

私有云作为企业信息技术架构的一种形式，在其优点与不足之间展开了一场持续的辩论。就其优点而言，安全性、法规遵从和定制化是私有云备受推崇的特性。首先，通过内部私有云，企业能够全面掌控其设备，从而实施所需的安全措施，这无疑为企业提供了高度的安全性保障。其次，在私有云模式下，企业可以确保其数据存储符合各项法律法规，同时能够根据需要将数据存储在特定的地理位置，以满足特定的合规要求。最后，内部私有云的定制化特性使得企业可以根据自身需求精确选择硬件，并对程序应用和数据存储进行调整，尽管这一过程通常由服务商完成，但仍然保留了一定的选择权。

2. 私有云的不足

私有云除了上述的优点之外，也有一系列不容忽视的不足之处。首先，私有云的总体成本相对较高，因为企业需要购买和管理自己的设备，这使得私有云在成本效益上不如公有云明显。此外，私有云管理的复杂性也是一个令人担忧的问题，企业需要自行配置、部署、监控和保护云环境，并购买相应的软件来解决这些问题，这不仅增加了运营成本，而且增加了管理的复杂性。其次，私有云的灵活性、扩展性和实用性相对有限，如果某个项目需要的资源不在当前的私有云范围内，获取并整合这些资源可能需要耗费较长时间，而在满足更多需求时，扩展私有云的功能也相对困难，需要充分考虑基础设施管理和连续性计划以及灾难恢复计划等因素。

（三）混合云

混合云作为一种新兴的云计算环境，集成了公有云和私有云的优势，形成了一种更加灵活和可靠的解决方案。其独特之处在于将公有云的强大计算能力和私有云的安全性相结合，为用户提供了更全面的服务。在混合云中，不同云环境之间保持独立运行，但数据和应用可以进行交互，实现了更高程度的灵活性和互操作性。

混合云的出现弥补了公有云和私有云各自的不足之处。公有云存在安全和控制方面的隐忧，而私有云则因价格高昂和可扩展性有限而受到限制。因此，企业可以根据自身需求，在公有云环境中构建私有云，以实现混合云架构，从而更好地满足业务发展的需要。

混合云的运营和管理通常由多个内外部提供商共同负责，这也为企业提供了更多选择和灵活性。通过整合不同提供商的服务和资源，企业可以更好地优化资源配置，提高运营

---

[1] 郭东东，韩雅楠. 私有云在企业中的应用与发展研究[J]. 产业科技创新，2023，5（3）：88.

效率，从而获得更大的竞争优势。

（四）社区云

社区云作为公有云的一种衍生形式，其设计初衷在于满足多个组织内在隐私、安全和政策等方面的共同需求。一般而言，社区云的运营和管理由参与的组织或第三方机构负责。以深圳大学城云计算服务平台为例，这是国内首个为深圳大学城园区提供服务的社区云平台，也有阿里旗下的 PHPWind 等典型案例。社区云的特色显而易见：①社区云具有鲜明的区域性和行业性特点，服务对象通常是某一地区或行业内的多个组织；②社区云的应用范围相对有限，更加专注于满足特定社区的需求；③社区云强调资源的高效共享，通过资源池的方式实现资源的优化配置和利用；④社区云的另一个显著特点是社区内成员的高度参与性，他们通常可以参与到平台的运营管理中，共同决策和维护社区云的发展。因此，社区云的出现不仅为特定社区提供了定制化的云服务，也促进了社区内成员之间的合作与共赢。

三、云计算的服务模型

云计算服务的基本架构是一个多层次、多模型的复杂体系，它融合了先进的服务模型和部署模型，旨在为用户提供灵活、高效和可扩展的计算资源。这种架构不仅明确了云计算服务的核心价值和交付方式，而且确保了用户能够根据其独特的业务需求、安全要求和技术偏好，选择合适的云服务。

在服务模型方面，云计算架构提供了三种主要的服务模型：基础设施即服务（IaaS）、平台即服务（PaaS）和软件即服务（SaaS）。

IaaS 模型为用户提供了虚拟化的计算资源，包括虚拟机、存储和网络等基础设施。用户可以根据自身需求动态地调整这些资源，以实现高度的灵活性和可扩展性。同时，用户只需为所使用的资源付费，这有助于降低运营成本并提高资源的使用效率。

PaaS 模型则为用户提供了一个完整的开发和部署应用程序的环境。这个环境包含了操作系统、编程语言运行环境、数据库和 Web 服务器等关键组件，从而简化了应用程序的开发和管理工作。用户无须关注底层硬件和操作系统的管理，可以专注于应用程序本身的开发和优化。

SaaS 模型通过互联网直接提供软件应用，用户无须安装或维护软件，只需通过网络访问和使用即可。这种即开即用的服务模式降低了用户的使用门槛，并提高了软件的可用性。同时，SaaS 模型还提供了数据的集中管理和备份服务，确保了数据的安全性和可靠性。

第三节　物联网技术

一、物联网的发展背景

随着科技的不断进步，物联网的崛起标志着人类社会步入了一个全新的互联时代。在这一时代背景下，物联网的发展彻底改变了人们对基础设施的认知，将传统的物理基础设施与信息技术基础设施紧密融合，共同构建了一个统一、智能、互联的新基础设施体系。这一变革不仅重塑了人们的生活方式，也对社会的思维习惯产生了深远影响。

物联网，作为一个新兴的技术领域，其定义蕴含着深刻的内涵。从字面意义上看，"物"指的是物体、物品，象征着现实世界中的各类实体；"网"则指网络，象征着连接与交互的媒介；"联"则意味着关联、联系，将前两者紧密连接在一起。因此，物联网可以被理解为一种通过智能网络将各种物体、物品相互连接起来的体系结构，这种体系结构使得物体之间能够进行信息交换与通信，从而实现智能化管理和控制。

物联网的演进并非一蹴而就，它的发展依托多个领域的技术突破和融合。其中，互联网作为物联网的基础，为其提供了强大的技术支撑和广阔的发展空间。可以说，没有互联网的发展，物联网的概念就无从谈起。同时，物联网也促进了互联网技术的进一步演进和升级，推动了人类社会向更加智能、互联的方向迈进。

物联网与基础设施的深度融合体现在多个方面。

首先，物联网通过将物理基础设施与 IT 基础设施相结合，形成了一个全新的基础设施体系。这一体系不仅具备传统基础设施的功能和特性，还具备了智能化、网络化、信息化等新的特性。

其次，物联网的发展推动了基础设施的智能化升级。通过物联网技术，可以实现对基础设施的远程监控、智能控制、数据分析等功能，提高了基础设施的运行效率和安全性。

最后，物联网还促进了基础设施之间的互联互通。通过物联网技术，不同基础设施之间可以实现信息共享、协同工作等功能，提高了整个社会的运行效率和资源利用效率。

二、物联网的技术原理

物联网（IoT）作为信息科技领域的一次重大革新，其技术原理深刻体现了对物理世界与数字世界融合的追求。物联网技术不仅继承了互联网的互联互通特性，更在此基础上拓展至物与物、人与物的连接，实现了物理世界信息的数字化和网络化。

首先，物联网的核心在于"物"的连接与信息的交换。这里的"物"泛指一切具有信息感知、传输和处理能力的物理实体，包括但不限于智能设备、传感器、执行器等。物联网技术通过给这些"物"赋予网络通信能力，使其能够相互识别、通信和协作，从而实现了物理世界的智能化和网络化。物联网的这种连接特性，不仅突破了传统互联网仅限于人与人之间通信的局限，也打破了物理世界与数字世界的壁垒，为智能城市、工业自动化、远程医疗等领域的发展提供了强大的技术支撑。

其次，物联网的技术构成涉及多个层面。从底层技术来看，物联网主要依赖于传感器技术、嵌入式系统技术、无线通信技术以及云计算技术等。传感器技术用于实现物理信息的感知和采集；嵌入式系统技术则将感知到的信息进行处理和转发；无线通信技术则负责信息的传输和交换；云计算技术则提供了强大的数据处理和存储能力。这些技术的融合与应用，使得物联网能够实现对物理世界的全面感知、可靠传输和智能处理。

再次，在物联网的技术架构中，网络通信协议起着至关重要的作用。物联网中的对象或人具有与当前互联网访问地址相似的唯一网络通信协议地址，这使得每个物体都能够被唯一标识和定位，从而实现了物与物、人与物之间的精确连接和通信。同时，物联网的通信协议也具有多样性，以适应不同应用场景下的通信需求。例如，在智能家居领域，ZigBee、Z-Wave 等短距离无线通信技术被广泛应用；而在工业自动化领域，则更多地采用 Wi-Fi、4G/5G 等长距离无线通信技术。

最后，泛在网络作为物联网发展的高级阶段，其技术原理体现了对未来网络发展的追求。泛在网络旨在构建一个无处不在、全面覆盖的网络环境，支持人与人、人与物以及物与物之间的无缝通信。泛在网络的实现依赖于多种技术的融合与创新，包括无线通信技术、传感器技术、云计算技术、大数据技术等。通过这些技术的综合应用，泛在网络能够实现对物理世界的全面感知、实时分析和智能决策，为智能城市、智能交通、智能医疗等领域的发展提供强大的技术支撑。

三、物联网的基本特征

物联网是在互联网的基础上建立和发展起来的，其运行离不开互联网。但是物联网和互联网又有许多明显的区别，从网络的角度来看，物联网主要有以下三个特征。

第一，互联网特征。互联网为物联网中众多设备间的通信交流提供了必要的网络支撑，实现了物联网系统内部信息的顺畅传递。在物联网的广泛网络中，存在着海量的传感器节点，这些传感器负责收集各类信息数据，而这些数据则需要依赖互联网进行传输。物联网最为核心的特性之一便是"物体上网"，它通过各种网络协议的支持，确保了信息传递的准确性与可靠性。

第二，识别与通信特征。物联网系统中的传感器在种类和功能上呈现出多样化的特点，它们所收集的信息覆盖了生产生活的各个层面，这些信息还具备实时更新的功能。传感器的作用在于将物理世界的变化转化为信息数据，并将原本分离的物理世界与信息世界紧密地融为一体，实现了两个世界的互联互通。

第三，智能化特征。物联网并非仅仅是信息的收集者，它更是一个基于收集到的信息对相关设备进行智能化自动控制的系统。物联网以收集的信息为基础，通过对这些信息的处理与分析计算，借助先进的关键技术，执行各种操作与管理任务，以满足不同用户群体的多元化需求。物联网的广泛应用使得智能控制技术得以深入社会生活的每个角落，极大地提升了生活和工作的便捷性与智能化水平。

四、物联网的未来前景

随着科技的不断进步和全球信息化浪潮的推进，物联网技术正逐渐成为推动社会经济发展的重要引擎。物联网以其独特的优势，不仅在传统产业转型升级中发挥着关键作用，而且在引领未来产业发展、促进战略性新兴产业进步方面展现出巨大的潜力。面对未来，物联网的发展前景广阔而充满希望。

首先，物联网将在促进经济模式转型和升级方面发挥重要作用。物联网技术通过连接物理世界与数字世界，实现了信息的全面感知、可靠传输和智能处理，从而推动现有经济产业的转型和发展。例如，在制造业中，物联网技术的应用可以实现设备的智能监控、预测性维护以及生产过程的优化，提高生产效率、降低生产成本，推动制造业向数字化、智能化方向发展。同时，物联网技术还将促进服务业的创新和发展，如智能交通、智能医疗、智能家居等领域的兴起，为人们提供更加便捷、高效的服务。

其次，物联网将在推动绿色发展和低碳经济方面发挥关键作用。随着全球对环保和可持续发展的日益关注，物联网技术成为实现绿色发展和低碳经济的重要途径。物联网技术可以通过实时监测和管理能源消耗、优化资源配置、减少浪费等方式，降低碳排放、提高能源利用效率，从而推动经济的绿色发展。例如，在能源领域，物联网技术可以实现对电力、燃气等能源的实时监测和智能调度，优化能源的使用和分配，减少能源损耗和浪费。

最后，物联网技术还将在改善人类生活品质、提高社会治理能力等方面发挥重要作用。物联网技术的应用将使得人们的生活更加便捷、舒适和安全。例如，在智能家居领域，物联网技术可以实现家庭设备的互联互通、远程控制以及智能化管理，提高家庭生活的智能化水平。同时，物联网技术还可以应用于城市管理、公共安全、环境监测等领域，提高社会治理能力和公共服务水平。

展望未来，物联网的发展前景广阔而充满希望。随着技术的不断进步和应用的不断拓展，物联网将在促进经济模式转型和升级、推动绿色发展和低碳经济、改善人类生活品质和提高社会治理能力等方面发挥越来越重要的作用。

第四节　大数据技术

进入21世纪，互联网的边界和应用范围在移动互联、社交网络及电子商务的推动下不断扩大，同时物联网、车联网、医学影像、金融财政及电信通话等产生的大量数据使信息呈现爆炸性增长的趋势，与此同时，数据信息迎来了大发展时代，并由此诞生了"大数据"这一概念。随着信息技术的不断深入，几乎扩展到了所有的人类智力与发展领域，并逐渐成为大数据时代的象征。

一、大数据的产生背景

（一）信息科技发展

第一，计算机技术的革命性进步。信息科技的快速发展首先体现在计算机技术的革命性进步上。自20世纪40年代第一台电子计算机诞生以来，计算机技术经历了从单机到网络、从模拟到数字、从集中到分布的巨大转变。特别是进入21世纪后，云计算、边缘计算、量子计算等新兴技术的不断涌现，极大地提升了计算能力和数据处理速度，为大数据的产生和应用提供了强有力的技术支持。

第二，互联网技术的普及与演进。互联网技术的普及与演进也是信息科技发展的重要推动力。从最初的ARPANET到现在的5G网络，互联网技术经历了从文本传输到多媒体共享、从固定终端到移动设备的飞跃。随着互联网的普及，全球范围内的信息交流变得前所未有的便捷和迅速，海量数据得以在瞬间完成传输和共享，为大数据的积累和应用奠定了坚实的基础。

第三，存储技术的持续突破。在大数据时代，数据的存储和管理面临着巨大的挑战。然而，随着存储技术的持续突破，如硬盘容量的不断扩大、固态存储技术的快速发展以及分布式存储架构的广泛应用，数据的存储变得更加高效、安全和可靠。这为大数据的存储和处理提供了必要的保障。

（二）数据产生方式的革新

第一，传感器技术的广泛应用。传感器技术的广泛应用是数据产生方式革新的重要体现。传感器是一种能够感受到被测量信息并按照一定规律将其转换成可用信号的器件或装置。随着传感器技术的不断发展，各种智能传感器被广泛应用于工业生产、环境监测、医疗健康等领域，实时采集和传输各类数据。这些数据的产生不仅数量庞大，而且种类繁多、结构复杂，为大数据的挖掘和分析提供了丰富的素材。

第二，社交媒体和移动应用的普及。社交媒体和移动应用的普及也是数据产生方式革新的重要方面。随着智能手机的普及和移动互联网的发展，人们越来越依赖社交媒体和移动应用进行信息交流和互动。这些平台不仅汇聚了大量的个人信息和社交数据，还通过用户行为分析、兴趣推荐等功能产生了海量的用户行为数据。这些数据具有实时性、动态性和多样性等特点，为大数据的分析和应用提供了广阔的空间。

第三，物联网技术的兴起。物联网技术的兴起进一步推动了数据产生方式的革新。物联网是指通过信息传感设备将任何物品与互联网连接起来进行信息交换和通信的一种网络。物联网技术通过将各种物品智能化、网络化，实现了数据的实时采集和传输。在智慧城市、智能交通、智能家居等领域中，物联网技术产生了大量的实时数据，这些数据具有高度的价值和应用前景。

二、大数据的数据来源

在当今信息爆炸的时代，大数据已成为推动社会进步与科技创新的重要驱动力。大数据不仅体现在其庞大的数据量上，更在于其复杂性和多样性。它涵盖了从交易数据到交互数据，再到处理数据的广泛范畴，形成了一个丰富多元的数据生态系统。

首先，大数据的核心组成部分之一——海量交易数据。这类数据主要源于企业或组织的内部经营交易活动，包括联机交易数据和联机分析数据。从数据结构上来看，交易数据通常呈现出结构化的特点，通过关系数据库进行管理和分析。这些静态的历史数据记录了过去的交易活动，为企业提供了宝贵的决策支持。它们存储在在线交易处理与分析系统中，通过 ERP 应用程序和数据仓库应用程序进行高效的处理和分析。随着互联网和云计算技术的发展，传统的关系型数据依然保持持续增长，但其结构化和标准化的特性使其更易于被处理和挖掘价值。

然而，大数据的数据来源远不止于此。海量交互数据作为另一种重要的数据来源，正在逐渐崭露头角。这类数据主要源于各种社交媒体、呼叫详细记录、设备传感器信息、GPS 和地理定位数据等。与交易数据不同，交互数据更多地反映了人们的行为和偏好，具有更强的实时性和动态性。它们能够传达未来的信息，为企业预测市场趋势、优化产品和服务提供重要依据。同时，交互数据的非结构化和多样化特性也给数据处理带来了新的挑战。

在海量数据处理方面，大数据技术展现出了强大的能力。通过分布式数据库或分布式存储集群，大数据系统能够实现对海量数据的快速查询、分类和汇总。这些技术不仅提高了数据处理的速度和效率，还为用户提供了更加便捷和高效的数据分析服务。同时，大数据技术还能够深度挖掘数据中的价值信息，满足用户更高级别的数据分析需求。例如，在人工智能和机器学习领域，大数据被广泛应用于模式识别、预测分析等领域，为企业带来了更大的商业价值。

此外，还需要注意大数据来源的多样性和复杂性。在现实中，大数据的来源可能涉及多个领域和行业，包括金融、医疗、教育、交通等。这些领域的数据具有不同的特点和价值,需要采用不同的技术和方法进行处理和分析。因此,构建一个完整的大数据生态系统需要跨越多个领域和行业的界限,实现数据的共享和整合。

三、大数据的深度分析与挖掘

在大数据技术的演进中,深度分析与挖掘技术占据了举足轻重的地位。这不仅涉及对既有技术的优化,更涵盖了一系列新颖的数据挖掘技术的研发,如数据网络深度探索、图形化数据挖掘以及特定群体特性分析。特别地,特定数据间的关联性挖掘和相似性识别构成了大数据分析挖掘技术的核心部分,其目的在于精准把握用户兴趣、网络行为模式以及情感语义结构。

在大数据的海洋中,分析方法的重要性越发凸显。面对海量的数据洪流,如何对其进行有效分类、整合,以满足用户的查询需求,成为大数据处理的关键难题。随着数据量的不断增长,如何从中提取更为智能、深入、有价值的信息,成为一个迫切的需求。因此,大数据分析在大数据处理流程中占据了核心地位。同时,大数据在数量、速度以及多样性等方面的复杂增长,对大数据分析技术提出了更高的挑战。具体来说,作为判断数据信息是否有价值的决定性因素,大数据分析方法主要包括以下五种。

第一,可视化分析。因可视化分析能直接呈现出大数据的特点,所以其不仅是大数据分析专家用来分析数据的有效手段,还是普通用户进行基础分析的基本方式。此外,可视化分析还可将大数据以简单明了的方式呈现出来,使读者在观看时如同看图说话一样方便快捷。

第二,数据挖掘算法。数据挖掘算法作为一种统计学家所公认的大数据分析方法,其不仅能深入数据内部,挖掘出具有价值信息的数据,还能提高数据处理及分析的速度和准确度,以在最短时间内得出结论,进而提高大数据的理论价值。此外,数据挖掘算法作为大数据分析理论的核心,其基于数据类型及数据格式而展示出了不同数据所具备的特点,以更好、更科学的方式对数据进行分类、汇总,进而满足不同用户的不同需求。

第三,预测性分析。预测性分析是大数据分析中比较重要的领域之一,其是通过建模的形式,将大数据中隐藏的数据特点转化为一般的模型,进而通过新数据的输入以预测未来的数据。

第四,语义引擎。作为一套系统的分析、提炼数据的方式,语义引擎不仅能应对非结构化数据所带来的多元化挑战,同时语义引擎依靠人工智能还实现了数据信息的主动提取功能。

第五,数据质量和数据管理。数据质量和数据管理是数据分析结果真实性和有效性的保证,因此大数据分析需要高质量的数据信息及有效的数据管理手段,以实现其在学术领域及商业应用领域的价值。

第三章　数字技术背景下的智能制造系统发展

在数字化浪潮的推动下，智能制造系统的发展已成为工业革新的关键。本研究聚焦于数字技术背景下，智能制造系统的演进与变革。通过深入分析产品生命周期管理（PLM）、企业资源管理（ERP）、制造执行系统（MES）以及赛博物理系统（GPS）等关键技术，旨在揭示其对提高生产效率、优化资源配置、增强企业竞争力的重要意义。这一研究背景不仅反映了当前工业发展的迫切需求，而且预示了未来制造业智能化、自动化的广阔前景。

第一节　产品生命周期管理（PLM）

一、产品生命周期管理（PLM）概述

产品生命周期管理（PLM）是一种集成化的管理理念与方法，它贯穿产品的整个生命周期，从概念设计、研发、制造、销售到服务与回收等各个阶段。PLM 的核心在于通过信息化手段，实现产品数据的一致性、准确性和实时性，确保产品信息在整个生命周期内的有效管理和利用。

"随着大数据、云计算、物联网等新技术的发展，企业对产品全生命周期管理（PLM）系统提出了深化应用需求以及软件系统安全自主可控需求，传统 PLM 系统亟待全面转型升级。"[1]在当今竞争激烈的市场环境中，PLM 对于企业而言具有至关重要的战略意义。首先，PLM 能够提升企业的创新能力，通过跨部门的信息共享与协作，加速产品研发流程，缩短产品上市时间。其次，PLM 有助于优化资源配置，通过精确的数据分析和决策支持，提高材料利用率和生产效率，降低成本。最后，PLM 还能够增强企业的市场响应速度，通过对市场动态和客户需求的快速捕捉，实现产品的快速迭代和持续改进。

更为重要的是，PLM 在提升产品质量、强化品牌竞争力方面发挥着不可替代的作用。

---

[1] 屈亚宁，李建勋，马春娜，等.新一代国产化 PLM 系统的研发与实现[J].智能制造，2022（1）：79-85，90.

通过全生命周期的质量控制和管理，PLM 确保产品在设计、生产、使用各个环节均能满足高标准的质量要求，从而提高客户满意度，增强品牌忠诚度。同时，PLM 还支持企业的可持续发展战略，通过绿色环保的设计和回收再利用，减少对环境的影响，履行社会责任。

智能制造系统作为现代制造业的发展趋势，其核心在于通过智能化技术，实现生产过程的自动化、信息化和智能化。在这一系统中，PLM 扮演着至关重要的角色，它是连接产品设计、生产制造和市场服务的关键纽带。

首先，PLM 在智能制造系统中的作用体现在对产品设计和开发过程的支持上。PLM 系统能够集成和管理设计数据，确保设计信息的准确性和一致性，为智能制造提供可靠的输入。通过 PLM，设计师和工程师可以实时访问最新的产品数据，促进跨专业的协同工作，提高设计效率和质量。

其次，PLM 在生产制造过程中发挥着关键作用。PLM 系统与制造执行系统（MES）等生产管理系统紧密集成，实现生产数据的实时传递和共享。这有助于生产管理人员实时监控生产状态，优化生产计划，提高生产效率和灵活性。此外，PLM 在产品服务和后市场管理中也扮演着重要角色。通过对产品使用情况和服务历史的记录与分析，PLM 支持企业开展预防性维护、定制化服务和产品改进，增强客户满意度和忠诚度。

最后，PLM 对智能制造系统的持续改进和优化具有重要意义。通过收集和分析产品全生命周期的数据，PLM 能帮助企业识别改进机会，优化产品设计，提升制造工艺，实现持续的创新和发展。

二、产品生命周期管理（PLM）系统的功能模块

（一）数据管理模块

数据管理模块在产品生命周期管理（PLM）系统中具有核心地位，它为产品研发和制造过程提供了基础的数据支持和保障。在现代企业环境中，数据管理模块不仅负责数据存储，更重要的是确保数据的一致性、可靠性和可访问性。

异构系统集成在企业信息化建设过程中至关重要，解决了信息连贯性和一致性的问题。PLM 系统的数据管理模块通过强大的集成能力，促进了企业内部不同系统之间的数据共享和流程协同。企业内部各部门通常采用不同的信息系统来满足特定业务需求，导致数据格式、通信协议、操作系统和数据库系统的差异。PLM 系统采用中间件技术、API 接口、数据交换标准和数据映射转换技术，解决了异构系统集成的挑战。中间件技术和 API 接口实现了系统间的无缝连接，数据交换标准和转换技术确保了数据的一致性和可理解性。通过这些技术手段，PLM 系统实现了数据的一致性和准确性，减少了数据冗余和错误，显著提升了组织的运作效率。异构系统集成的实现，使企业能够在统一平台上进行信息管理和业务操作，促进各部门之间的协同工作，优化资源配置，增强市场竞争力。PLM 系统在异构

系统集成中的关键作用，推动了企业信息化建设的整体进步，为企业提供了高效、可靠的管理平台。

数据流共享机制在 PLM 系统中起到了至关重要的作用，确保了数据在整个产品生命周期中的流动性和可用性。该机制支持企业内部不同团队和部门对同一数据的访问和使用需求，促进了团队协作和工作效率的提升。在产品开发的各个阶段，设计团队、生产团队和服务团队需要访问和使用相同的数据。PLM 系统通过集中式数据库、数据仓库、文档管理系统和版本控制系统等多种机制，提供了统一的访问渠道，确保了数据对所有相关人员的可用性。集中式数据库和数据仓库提供了统一的数据存储平台，文档管理系统和版本控制系统确保了数据的可追溯性和一致性。

为确保数据的安全性和合规性，PLM 系统提供了精细的访问控制和权限管理功能，定义不同用户和用户组对数据的访问权限，包括读取、写入、修改和删除操作。通过这种方式，PLM 系统能够保护敏感数据，防止未经授权的访问和数据泄露。PLM 系统实施数据一致性和完整性规则，保证数据在整个生命周期中的质量，防止数据冲突和错误的发生。数据一致性和完整性规则的应用，使企业能够依赖高质量的数据进行决策和操作，提升整体管理水平。PLM 系统还提供强大的数据审计和追溯功能，记录数据的创建、修改和访问历史，对于质量控制、合规性检查以及问题诊断具有重要意义。详细的审计和追溯记录，帮助企业及时发现和解决问题，确保产品质量和合规性要求得到满足。

（二）项目管理模块

项目管理模块是产品生命周期管理（PLM）系统中的关键组成部分，为企业提供了一种结构化和系统化的方法，以规划、执行和监控项目。此模块在产品开发的各个阶段，从概念设计到产品交付，都发挥着重要作用，确保项目目标的实现。

项目工作分解结构（WBS）是项目管理模块中的核心概念，它将复杂的项目分解为更小、更易于管理的任务。WBS 提供了一个清晰的框架，使项目团队能够理解项目的范围、组织和细节。构建 WBS 通常从定义项目的主要交付物开始，逐步将每个交付物分解为更小的组件或任务，直至达到足够详细的层次，便于项目团队进行资源分配、时间估计、进度监控和成本控制。WBS 不仅为项目管理提供了一个可视化工具，帮助识别项目的所有元素，确保无遗漏，还支持项目计划的制订、资源分配、风险管理、沟通和报告。在 PLM 系统中，WBS 与产品结构紧密整合，每个 WBS 元素可以与特定的产品组件或设计元素相关联，确保产品设计与项目计划的一致性，并支持变更管理，当设计发生变更时，相关任务和交付物可以及时更新。

项目进度与资源管理是项目管理模块的另一个核心功能，涉及项目时间线的规划、监控和控制以及资源的有效分配和利用。项目进度计划包括定义项目任务、确定任务的先后顺序、估计任务持续时间以及制定项目完成时间表。在 PLM 系统中，进度计划通常与

WBS 相结合，确保每个任务和子项目都包含在计划中。关键路径方法（CPM）是一种用于确定项目关键任务和关键路径的工具，帮助项目经理识别影响项目完成日期的关键任务。通过优化关键路径上的活动，项目团队可以有效缩短项目周期，提高项目交付效率。

资源分配确保项目任务拥有所需人力、物资和财力资源。PLM 系统中的项目管理模块提供了资源库，允许项目团队根据任务需求和优先级分配资源。资源优化涉及平衡资源需求和可用资源，避免资源冲突和浪费。PLM 系统支持资源优化算法，帮助项目团队识别资源"瓶颈"，优化资源使用。

项目进度监控与控制是跟踪项目进度、识别偏差、采取纠正措施的过程。PLM 系统提供了进度跟踪工具，允许项目团队实时监控项目状态，及时调整计划以应对变化。在项目执行过程中，变更是不可避免的。PLM 系统中的项目管理模块支持变更管理流程，确保所有变更都经过适当审查、批准，并及时更新项目计划和相关文档。

项目报告与沟通确保项目信息在项目团队、利益相关者和管理层之间有效流通。PLM 系统提供了报告工具，支持生成进度报告、资源使用报告和其他关键项目指标的报告。这种报告和沟通机制确保各方能及时了解项目进展，促进了决策的透明度和有效性。

通过这些综合功能，项目管理模块在 PLM 系统中不仅提升了项目的可管理性和控制力，还显著提高了项目交付的效率和质量，帮助企业在激烈的市场竞争中保持领先地位。

（三）配置管理模块

配置管理模块是产品生命周期管理（PLM）系统的核心组成部分，确保了产品数据的一致性、可追溯性和完整性，配置管理模块涵盖产品结构和配置项的识别、控制和管理以及配置状态的跟踪和维护。

配置项识别与控制是配置管理模块的基础。配置项（CI）是产品的单个硬件、软件部件或一组具有共同特性的部件。在 PLM 系统中，配置项的识别过程将产品设计分解为可管理的单元，每个单元分配唯一标识符，确保产品数据的准确性和一致性。配置项可以是零件、组件、子系统或软件模块，是产品结构的基本构成元素。一旦配置项被识别，PLM 系统将通过配置控制过程管理这些项的变更，确保所有变更经过严格的审查和批准流程，以避免对产品性能和功能产生负面影响。基线是一组已批准的配置项，共同定义产品在特定开发阶段的状态。PLM 系统支持基线的创建、修改和维护，确保产品设计在不同阶段的一致性和稳定性。配置变更管理是配置项控制的重要组成部分，提供变更请求、评估、批准和实施的流程，确保所有变更经过适当管理，并及时通知相关利益相关者。配置审计是验证配置项的实际状态与 PLM 系统中记录状态是否一致的过程，支持定期或按需进行，以确保配置数据的准确性和完整性。

配置状态管理是配置管理模块的另一个关键方面，涉及跟踪和记录配置项的状态信息。PLM 系统提供工具和机制来跟踪每个配置项的状态，包括设计状态、生产状态、测试状态等。状态信息对于项目管理、生产计划和售后服务来说至关重要。配置状态管理包括版本控制，确保可以识别和访问产品的每个版本，有助于管理设计变更，并确保团队成员始终使用最新和正确的产品数据。PLM系统记录了配置项的所有变更历史，包括变更类型、时间、原因和责任人，提供产品的可追溯性基础，有助于分析产品问题和改进产品性能。配置状态管理涉及生成配置状态报告，提供关于产品配置的详细视图，包括当前状态、变更历史和趋势分析，对项目管理、决策支持和合规性检查非常有用。在PLM系统中，配置状态管理与项目管理、数据管理、质量管理等模块紧密集成，确保配置信息在整个组织中有效共享和利用。

（四）质量管理模块

质量管理在产品生命周期管理（PLM）系统中扮演着至关重要的角色，确保产品从设计到交付的各个环节都符合预定的质量标准。通过质量管理模块，企业能够系统化地实施质量协同方案以及质量规划与控制，提升产品质量并满足客户需求和法规要求。

质量协同方案在现代制造业中尤为重要，因为产品质量涉及多个部门和团队的共同努力。设计、工程、制造、测试等环节都对最终产品质量产生影响。通过质量管理模块，PLM系统提供了一系列工具和流程来促进部门之间的沟通与合作。这些工具包括质量会议管理、问题跟踪系统、质量数据分析等，帮助团队成员共享信息并协调行动。质量协同方案不仅涉及内部团队，还需要包括供应商、客户等外部利益相关者的参与。PLM系统通过权限管理，使外部利益相关者能够在保护知识产权的前提下，积极参与质量管理过程。通过这些协同机制，企业能够及时发现并解决质量问题，提升产品整体质量水平。

质量规划与控制是确保产品质量符合客户需求和法规要求的关键步骤。在产品设计初期，质量管理模块支持定义质量目标和要求，制订质量标准、验收标准和质量计划，为后续的质量控制和改进提供基础。在产品开发和生产过程中，质量管理模块通过实时数据收集和分析，监控和检查各个环节，及时发现偏差并采取纠正措施，这种实时监控和反馈机制保证了产品质量的一致性和可靠性。

质量数据管理是质量控制的重要组成部分。质量管理模块主要作用是收集、存储、分析和报告质量相关数据，包括测试结果、缺陷记录、故障报告等。这些数据为质量改进提供了重要依据。统计过程控制（SPC）是一种通过使用统计方法监控和控制生产过程的技术，帮助企业识别过程中的变异，预防质量问题的发生。

此外，故障模式与影响分析（FMEA）工具通过预测潜在的故障模式、评估其对产品性能的影响并制定缓解措施，有助于进一步提升产品质量。

持续质量改进是质量管理模块的核心功能之一。通过分析质量数据，识别改进机会并实施改进措施，企业能够不断提升产品质量和客户满意度。质量管理模块还确保产品符合相关的质量标准和法规要求，通过跟踪合规性状态和生成合规性报告，帮助企业在日益严峻的市场环境中保持竞争力。

质量管理模块通过系统化的质量协同、规划与控制，为企业提供了全面的质量管理解决方案。通过整合各个环节的质量数据和流程，PLM 系统帮助企业提升产品质量、优化生产过程，并确保合规性，最终实现持续改进和客户满意度的提升。

（五）协同管理模块

协同管理模块在产品生命周期管理（PLM）中至关重要，通过促进不同部门、团队和利益相关者之间的有效协作，确保产品开发过程的顺利进行。协同管理模块主要涵盖系统内项目管理协同和配置管理协同两个方面。

系统内项目管理协同旨在 PLM 系统内部，通过整合各种项目管理工具和流程，实现不同项目活动之间的协调性和一致性。项目集成是其中的核心，通过提供一个统一的平台管理所有项目活动，如设计、测试、生产和市场推广，简化了项目管理过程。资源共享机制支持跨项目的人力、物资、信息和财务资源共享，优化资源分配，提高使用效率。风险管理通过识别、评估和控制项目风险，减少项目失败的可能性，PLM 系统提供了相应的风险评估工具和策略。有效的沟通与信息流通是项目管理的关键，协同管理模块提供沟通渠道和信息发布平台，确保项目信息在团队成员之间及时、准确地流通。在多项目环境中，不同项目的进度需要协调，协同管理模块支持项目进度的同步规划和监控，确保项目按计划推进。

配置管理协同通过协同工作实现产品配置的一致性和可控性。配置识别是基础，PLM 系统提供工具定义和管理配置项，确保在整个产品开发过程中保持一致。配置控制确保产品配置在设计变更过程中保持稳定和可控，支持变更请求、影响分析、审批和实施的流程。基线管理涉及产品在特定开发阶段的正式批准状态，协同管理模块支持基线的创建、维护和更新，确保产品设计的一致性和可追溯性。配置审核验证产品配置是否符合预定要求，提供了配置审核工具，帮助团队成员检查配置的准确性和完整性。配置状态报告提供了产品配置的当前状态信息，包括配置项的状态、变更历史和相关质量数据，对于项目管理、质量控制和决策支持至关重要。跨部门协作是配置管理协同的重要组成部分，PLM 系统提供了协作平台，支持设计、工程、制造、供应链等不同部门的团队共享信息、协调活动和解决问题。

（六）产品行为管理模块

产品行为管理模块在产品生命周期管理（PLM）系统中至关重要，专注于产品在市场和使用过程中的行为表现及其对企业运营和产品改进的影响。此模块涵盖系统环境与信息安全管理、产品回收一致性管理等方面。

系统环境与信息安全管理是确保企业持续运营和产品数据完整性的关键。PLM 系统的运行环境的稳定性和可靠性直接影响产品设计、开发和维护。系统环境管理包括服务器管理、网络配置、软件更新和系统维护等，旨在确保 PLM 系统高效、稳定地运行。信息安全管理涉及数据访问控制、数据加密、网络安全防护以及数据备份和恢复策略等，通过这些措施，企业能够有效保护其知识产权和商业秘密，防止数据泄露、被篡改和丢失。此外，产品行为管理还必须确保遵守相关的法律法规和行业标准，实施合规性检查、记录审计日志和提供合规性报告，以证明企业在产品数据管理方面的合规性。系统环境与信息安全管理还包括对潜在风险的评估和应对策略的制定，通过定期的风险评估，企业能够识别安全漏洞和威胁，采取预防和缓解措施，减少风险发生的可能性。

产品回收一致性管理在 PLM 系统中同样重要，随着可持续发展和环保意识的提升，其地位愈加突出。企业需要制定明确的产品回收策略，确保产品在生命周期结束时能够被有效回收和再利用，包括设计易于回收的产品、建立回收渠道和制定回收流程。产品行为管理模块支持对产品在生命周期末端的表现进行评估，涉及产品的耐用性、可维修性和可回收性以及产品回收对环境的影响。通过追踪产品在市场中的表现和回收数据，企业能够分析产品回收的效果，并据此优化产品设计和材料选择。PLM 系统提供数据分析工具，帮助企业从回收数据中获得洞察，并指导未来的产品开发。许多国家和地区都有关于产品回收和废弃物处理的法规，产品回收一致性管理确保企业遵守这些法规，并能够生成相关的合规性报告。有效的客户与市场沟通对产品回收策略和成果的传达至关重要，这有助于建立企业的绿色形象，提升品牌价值，并满足消费者对环保产品的需求。

三、产品生命周期管理（PLM）系统在不同行业中的应用

在不同行业中，产品生命周期管理（PLM）系统的应用呈现出多样性和广泛性。

以汽车行业为例，其产品的复杂性和技术更新速度对 PLM 系统提出了紧迫的需求。PLM 系统在汽车行业的应用主要体现在协同工程、复杂装配管理、变更管理、合规性跟踪以及供应链管理等方面。通过协同工程环境的支持，PLM 系统促进了跨专业团队的合作，从而实现了从概念设计到量产的全过程管理。同时，PLM 系统的复杂装配管理功能确保了零件之间的兼容性和装配顺序的准确性，为汽车制造过程提供了可靠的保障。

此外，PLM 系统的变更管理功能有助于应对产品设计中频繁的变更，确保变更得到妥善的管理和实施。在合规性方面，PLM 系统帮助企业跟踪产品的合规性，并生成相应的报告，以满足汽车产品严格的安全和环保标准。此外，PLM 系统还通过集成供应链管理，确保了供应链的透明性和响应速度，在汽车制造中起到了关键作用。

在医药行业，PLM 系统的应用也具有重要意义。医药产品的研发周期长、流程复杂，对质量管理和监管合规要求极高。PLM 系统通过提供研发项目管理工具，有效管理医药产品的研发流程。在质量管理方面，PLM 系统支持全面的质量管理，包括 GMP 的遵循和质

量事件的追踪。此外，PLM 系统的文档控制功能确保了医药产品相关文档的准确性和可追溯性，为产品的合规性提供了有力支持。针对医药产品的严格追溯管理要求，PLM 系统支持从原材料到成品的全过程追溯，保障了产品质量和安全性。最后，PLM 系统帮助企业满足监管机构的各种合规性要求，提升了医药企业的市场竞争力。

在石油与船舶行业，PLM 系统的应用也展现出其独特的价值。这些行业的产品具有高价值和高风险特性，因此对 PLM 系统的需求更加迫切。PLM 系统通过资产管理功能，帮助企业有效管理其庞大的资产基础，提高了资产利用效率。在健康、安全与环境管理方面，PLM 系统支持 HSE 管理，确保了操作的安全性和环境的可持续性。针对项目型工程的特点，PLM 系统提供项目型工程管理，全程支持项目规划和执行，确保项目顺利实施。此外，PLM 系统还支持设备维护的管理，确保设备的可靠性和可用性。最后，PLM 系统帮助企业遵循众多的合规性要求和行业标准，提升了企业的社会责任感和市场竞争力。

第二节　企业资源管理（ERP）系统

一、企业资源管理（ERP）概述

（一）ERP 系统的起源与发展

1. 物料需求计划（MRP）的诞生

物料需求计划（MRP）作为 ERP 系统的前身，其起源可以追溯到 20 世纪 60 年代。MRP 的诞生旨在解决制造业中生产计划和库存控制的问题。早期的制造业企业面临着如何有效管理原材料、零部件和成品库存的挑战，以避免因原材料短缺或过剩导致的生产停滞和资金浪费。MRP 系统通过计算生产计划所需的物料数量和时间，帮助企业制订采购和生产计划，从而优化库存水平，提高生产效率。

MRP 系统的核心在于其通过需求预测、库存记录和生产计划等功能，实现对物料需求的精确计算。它利用物料清单（BOM）和主生产计划（MPS）来确定每个生产周期所需的物料数量和采购时间。这种计算方法不仅减少了库存成本，还提高了生产计划的准确性和及时性，为制造业带来了显著的管理改进。

2. 制造资源计划（MRP Ⅱ）的演进

在 MRP 系统基础上，制造资源计划（MRP Ⅱ）于 20 世纪 70 年代末至 80 年代初逐步发展起来。MRP Ⅱ 不仅关注物料需求，还扩展到包括生产能力、车间调度和财务管理等方面，使得制造业企业的资源计划更加全面和综合。MRP Ⅱ 系统通过集成生产、财务、人力资源等模块，实现了对企业资源的整体规划和协调，进一步提高了企业的运营效率。

MRP Ⅱ 系统引入了闭环控制和模拟生产等概念，通过实时监控和反馈机制，使得企业能够更加灵活地应对市场变化和生产波动。此外，MRPⅡ系统强调信息的集成和共享，通过统一的数据平台，使得企业各部门之间的信息交流更加顺畅，从而实现了资源的最优配置和利用。

3. 企业资源管理（ERP）的兴起

进入20世纪90年代，随着信息技术的发展和全球化竞争的加剧，企业资源管理（ERP）系统应运而生。ERP系统的核心理念是通过整合企业各项业务流程，实现对整个企业资源的全面管理和优化。与MRP和MRPⅡ系统相比，ERP系统不仅涵盖了生产、库存和财务等传统领域，还扩展到供应链管理、客户关系管理、人力资源管理等多个方面，提供了一个全方位的企业管理平台。

ERP系统通过模块化设计，将不同功能模块集成在一个统一的平台上，使得企业能够根据自身需求进行定制和扩展。这种灵活性和可扩展性使得ERP系统能够适应不同规模和行业的企业需求。同时，ERP系统采用先进的信息技术，如数据库管理系统（DBMS）、企业应用集成（EAI）和互联网技术，实现了数据的实时处理和共享，提高了企业的市场反应速度和决策能力。

4. ERP系统的全球发展趋势

随着全球经济一体化和信息技术的不断进步，ERP系统在全球范围内得到了广泛应用和发展。20世纪末至21世纪初，ERP系统的应用逐渐从大型企业扩展到中小型企业，成为企业提升竞争力和运营效率的重要工具。ERP系统的发展呈现以下几种趋势。

（1）云计算技术的兴起推动了ERP系统的云化发展。云ERP系统通过提供按需付费、弹性扩展和远程访问等优势，使得企业能够更加灵活地部署和使用ERP系统，降低了IT基础设施的投入成本，提高了系统的可用性和安全性。

（2）移动互联网的发展使得ERP系统逐渐向移动化方向发展。移动ERP系统通过移动设备和应用，使得企业管理人员和员工能够随时随地访问和处理业务数据，提高了业务处理的灵活性和及时性。

（3）大数据和人工智能技术的应用，使得ERP系统具备更强的数据分析和决策支持能力。通过对海量数据的挖掘和分析，ERP系统能够提供更加精准的业务预测和优化建议，帮助企业在复杂多变的市场环境中做出科学的决策。

（4）ERP系统逐渐向智能化和自动化方向发展。通过集成物联网（IoT）技术和自动化设备，ERP系统能够实现对生产设备、物流系统和供应链的实时监控和自动化控制，提高生产效率和运营效率。

（二）ERP系统的核心概念

1. 企业资源的整合与管理

ERP系统的核心理念是整合和管理企业的各种资源，包括人力资源、物料资源、财务资源和信息资源等。通过将企业各个业务流程和功能模块集成在一个统一的平台上，ERP 系统实现了对企业资源的全面管理和优化，提升了企业的运营效率和竞争力。

企业资源的整合主要体现在以下几方面：首先，通过统一的数据平台，ERP 系统实现了各部门之间的数据共享和信息交流，消除了信息孤岛和数据冗余现象。其次，通过集成的业务流程管理，ERP 系统能够协调和优化企业的各项业务活动，实现资源的最优配置和利用。最后，通过实时的数据监控和分析，ERP 系统能够及时发现和解决运营中的问题，并且提高企业的反应速度和决策能力。

2. 供应链管理与 ERP

供应链管理（SCM）是 ERP 系统的重要组成部分，旨在优化从原材料采购到产品交付整个供应链过程中的资源配置和运营效率。ERP 系统通过集成采购、库存、生产、物流等功能模块，实现了对供应链各环节的全面管理和控制，提高了供应链的协同效应和响应速度。

在采购管理方面，ERP 系统通过供应商管理、采购计划和订单处理等功能，优化了采购流程，降低了采购成本和库存水平。在库存管理方面，ERP 系统通过库存监控、库存盘点和库存分析等功能，实现了库存的实时管理和优化，提高了库存周转率和资金利用率。在生产管理方面，ERP 系统通过生产计划、生产调度和生产监控等功能，优化了生产流程，提高了生产效率和产品质量。在物流管理方面，ERP 系统通过物流计划、物流调度和物流监控等功能，优化了物流流程，降低了物流成本和交货时间。

3. 客户关系管理（CRM）与 ERP 的关联

客户关系管理（CRM）是 ERP 系统的重要组成部分，旨在通过管理和优化客户关系，提高客户满意度和忠诚度，促进企业销售，提高市场竞争力。ERP 系统通过集成销售、市场、服务等功能模块，实现了对客户关系的全面管理和优化。

在销售管理方面，ERP 系统通过客户管理、销售计划和订单处理等功能，优化了销售流程，提高了销售效率和客户满意度。在市场管理方面，ERP 系统通过市场分析、市场计划和市场活动管理等功能，优化了市场营销策略，提高了市场竞争力和品牌影响力。在服务管理方面，ERP 系统通过客户服务、售后服务和客户反馈管理等功能，优化了服务流程，提高了客户满意度和忠诚度。

ERP 系统通过将 CRM 功能模块集成在一个统一的平台上，实现了对客户数据的全面管理和共享，提高了客户关系管理的效率和效果。通过实时的数据分析和客户洞察，ERP 系统能够帮助企业了解客户需求和市场变化，制定科学的销售和市场策略，提升客户满意度和市场竞争力。

4. 信息技术在 ERP 中的作用

信息技术在 ERP 系统中起到了至关重要的作用，为 ERP 系统的实现和发展提供了技术支持和保障。ERP 系统通过采用先进的信息技术，实现了数据的实时处理和共享，提升了企业的运营效率和决策能力。

数据库管理系统（DBMS）是 ERP 系统的核心技术之一，通过提供高效的数据存储、管理和查询功能，支持了 ERP 系统的海量数据处理和分析。企业应用集成（EAI）技术通过提供标准化的接口和协议，实现了 ERP 系统与其他企业信息系统的无缝集成，支持了异构系统之间的数据交换和流程协同。互联网技术通过提供全球范围内的数据访问和通信能力，支持了 ERP 系统的远程访问和分布式管理，提高了系统的灵活性和可用性。

云计算技术通过提供弹性扩展和按需付费的服务模式，降低了 ERP 系统的部署和维护成本，提高了系统的可用性和安全性。大数据技术通过提供高效的数据存储、处理和分析能力，支持了 ERP 系统的海量数据挖掘和分析，提高了系统的决策支持能力。人工智能技术通过提供智能化的数据分析和决策支持功能，支持了 ERP 系统的智能化和自动化发展，提升了企业的运营效率和竞争力。

物联网（IoT）技术通过提供设备的实时监控和数据采集能力，支持了 ERP 系统的智能制造和自动化控制，提高了生产效率和资源利用效率。区块链技术通过提供分布式账本和智能合约等功能，实现了数据的安全性和可信性，支持了 ERP 系统的数据交换和合作机制，提高了数据的安全性和可追溯性。虚拟现实（VR）和增强现实（AR）技术通过提供沉浸式的用户体验和实时的数据可视化功能，支持了 ERP 系统的用户界面和数据展示，提高了用户的使用体验和操作效率。

二、企业资源管理（ERP）系统的功能模块

（一）产品开发模块

产品开发模块是企业资源管理（ERP）系统中的重要组成部分，它涉及产品从概念到设计再到最终生产的全过程管理。

物料建档是产品开发模块中的第一步，它涉及对产品所需物料的全面记录和管理。ERP 系统通过物料建档功能，将各类物料的基本信息录入系统，包括物料名称、规格、单位、供应商信息等。这些数据的建档不仅为产品设计提供了基础数据支持，也为后续的采购、生产和销售提供了重要参考依据。设计变更管理是产品开发过程中的常见需求之一。随着产品设计的深入和市场需求的变化，产品设计往往需要进行调整和修改。ERP 系统通过设计变更管理功能，实现对设计变更的跟踪和控制，包括设计变更申请、审批流程、实施跟踪等。这有助于确保设计变更的有效实施，避免因变更而引发的生产延误和成本增加。

产品研发流程，涉及产品从概念到设计再到验证的全过程管理。ERP 系统通过产品研发流程功能，实现对产品研发过程的计划、执行和监控。这包括产品需求分析、设计方案制订、样品制作、测试验证等环节，确保产品开发按预定计划有序进行，提高研发效率和

质量。

BOM 表是产品开发过程中的重要文档，它记录了产品的所有组成部件和材料清单。ERP 系统通过生成 BOM 表的功能，实现对产品结构的清晰定义和管理。BOM 表不仅为产品的生产提供了详细的指导，也为采购、库存和成本控制提供了重要依据。通过 ERP 系统生成的 BOM 表，企业可以实现对产品结构的精确控制，避免因材料和部件缺失而导致的生产中断和质量问题。

（二）采购管理模块

采购管理模块是企业资源管理（ERP）系统中的重要功能模块之一，它涉及企业对原材料和零部件的供应商管理、订货量决策、成本信息管理、采购计划、采购订单等方面的管理。

供应商管理，涉及企业对供应商的选择、评估和管理。ERP 系统通过供应商管理功能，实现对供应商信息的录入、存储和更新，包括供应商资质、信用等级、交货能力等方面的信息。同时，ERP 系统还通过供应商评估功能，对供应商的绩效进行定期评估和跟踪，以确保供应链的稳定性和可靠性。

订货量决策，涉及企业对原材料和零部件的需求量估算和订单量确定。ERP 系统通过订货量决策功能，结合产品需求计划和库存水平，实现对订货量的合理决策和跟踪。这有助于企业实现对采购成本和库存水平的有效控制，避免因库存积压或供应不足而导致的成本增加和生产延误。

成本信息管理，涉及企业对采购成本的监控和分析。ERP 系统通过成本信息管理功能，实现对采购成本的全面记录和分析，包括采购价格、运输成本、关税等方面的信息。这有助于企业实现对采购成本的有效管理，优化采购策略和供应商选择，提高采购效率和经济效益。

（三）生产计划模块

生产计划模块是企业资源管理（ERP）系统中的重要功能模块之一，它涉及生产计划的制订、执行和监控。

主生产计划（MPS），涉及对产品的生产量和生产时间的计划。ERP 系统通过主生产计划功能，实现对产品生产的总体规划和安排，包括生产周期、产能需求、原材料需求等方面的计划。这有助于企业根据市场需求和资源状况，合理安排生产计划，提高生产效率和交货准时率。

物料需求计划（MRP），涉及对原材料和零部件的需求量和采购计划的确定。ERP 系统通过物料需求计划功能，根据主生产计划和库存水平，自动生成原材料和零部件的采购计划和生产计划，以满足产品生产的需要。这有助于企业实现对原材料和零部件的及时供应，避免因物料短缺而导致的生产延误和成本增加。

生产能力计划，涉及企业生产资源的合理配置和利用。ERP 系统通过生产能力计划功能，对生产设备、人力资源等生产资源进行统一管理和调度，确保生产能力与生产需求的匹配。这有助于企业实现生产资源的最优配置，提高生产效率和资源利用率。

制造标准模块，涉及产品的生产工艺和质量标准的制定和管理。ERP 系统通过制造标准模块，将产品的生产工艺和质量标准录入系统，并对生产过程进行标准化和规范化管理。这有助于企业确保产品生产过程的稳定性和可控性，提高产品质量和一致性。

（四）车间管理模块

车间管理模块是企业资源管理（ERP）系统中的重要功能模块之一，它涉及生产车间的生产计划、生产执行和生产管理等方面的管理，包括生产指令与制造通知、领料与调度管理和工序检验与转移等。

生产指令与制造通知，涉及生产任务的下达和执行。ERP 系统通过生产指令与制造通知功能，将生产计划转化为具体的生产任务，并下达给相关车间进行执行。这有助于车间实现生产任务的及时安排和执行，提高生产效率和生产计划的准时完成率。

领料与调度管理，涉及原材料和零部件的领取和使用。ERP 系统通过领料与调度管理功能，对领料和调度进行统一管理和调度，确保生产所需物料的及时供应和使用。这有助于车间实现对物料的有效管理和利用，避免因物料短缺而导致的生产中断和成本增加。

工序检验与转移，涉及生产过程中的质量控制和工序转移。ERP 系统通过工序检验与转移功能，对生产过程中的每个工序进行质量检验和控制，并实现工序之间的顺畅转移。这有助于车间确保产品质量的稳定和一致性，提高产品合格率和客户满意度。

（五）销售管理模块

销售管理模块是企业资源管理（ERP）系统中的核心功能之一，它涉及销售业务的全过程管理，包括客户信息管理、销售订单处理和销售结果分析等。

客户信息管理，是销售管理模块中的基础环节，它涉及客户信息的收集、录入和管理。ERP 系统通过客户信息管理功能，实现对客户基本信息、联系方式、交易记录等信息的统一管理和维护。这有助于企业建立客户档案库，了解客户需求和偏好，实现对客户的精准管理和服务。

销售订单处理，涉及销售订单的接收、处理和跟踪，ERP 系统通过销售订单处理功能，实现对销售订单的自动生成、审核、确认和跟踪，确保销售订单的及时处理和交付。这有助于企业提高订单处理效率，缩短订单周期，提高客户满意度。

销售结果分析，涉及销售业绩和销售趋势的分析和评估。ERP 系统通过销售结果分析功能，对销售订单、销售额、销售利润等数据进行统计和分析，发现销售业绩的变化趋势和问题症结，为企业销售策略的制定和调整提供参考依据，这有助于企业及时发现销售问题和机会，优化销售策略，提升销售绩效。

（六）财务管理模块

财务管理模块是企业资源管理（ERP）系统中的核心功能之一，它涉及企业财务活动的全过程管理，包括会计核算与财务计划、财务分析与决策支持和进销存控制等。

会计核算与财务计划，涉及企业财务数据的记录、汇总和分析。ERP 系统通过会计核算与财务计划功能，实现对企业财务收支、资产负债、利润损益等数据的全面管理和控制。这有助于企业及时了解财务状况和经营业绩，制订合理的财务计划和预算，保障企业财务稳健运行。

财务分析与决策支持，涉及企业财务数据的分析和利用。ERP 系统通过财务分析与决策支持功能，对企业财务数据进行多维度、多角度的分析和比较，为企业决策提供科学依据和参考建议。这有助于企业发现经营问题和机会，制定有效的经营策略，提升企业竞争力。

进销存控制，涉及企业库存的管理和控制。ERP 系统通过进销存控制功能，实现对原材料、半成品和成品库存的全面监控和管理，包括库存量、库存成本、库存周转率等方面的管理。这有助于企业实现库存优化和成本控制，提高资金利用率和经营效益。

（七）仓库管理模块

仓库管理模块是企业资源管理（ERP）系统中的重要功能之一，它主要涉及企业仓库的管理和控制，包括库存控制与管理和物料检验与收发管理等。

库存控制与管理，涉及企业库存的日常管理和监控。ERP 系统通过库存控制与管理功能，实现对库存的入库、出库、移库、盘点等操作的管理和控制。这有助于企业及时了解库存情况，准确掌握库存成本和周转情况，避免库存积压和断货现象的发生，提高库存管理的效率和精度。

物料检验与收发管理，是仓库管理模块中的重要环节，它涉及对进出库物料的质量检验和管理。ERP 系统通过物料检验与收发管理功能，实现对进货物料和生产成品的质量检验和认证，确保物料的合格率和质量可控。这有助于企业提高产品质量，降低质量风险，保障产品符合客户要求和标准要求。

（八）人力资源管理模块

人力资源管理模块是企业资源管理（ERP）系统中的重要功能之一，它涉及企业人力资源的全过程管理，包括人力资源规划与招聘、工资核算与工时管理和差旅核算与绩效评估等。

人力资源规划与招聘，涉及企业人力资源的需求规划和招聘管理。ERP 系统通过人力资源规划与招聘功能，实现对企业人力资源需求的分析和预测，制订合理的人力资源规划和招聘计划。这有助于企业及时补充和优化人才队伍，满足企业发展的需求。

工资核算与工时管理，涉及企业员工工资的核算和工时的管理。ERP系统通过工资核算与工时管理功能，实现对员工工资的计算和发放，以及对员工工时的记录和管理。这有助于企业准确核算员工工资，提高工资管理的透明度和公正性，激励员工的积极性和创造力。

差旅核算与绩效评估，涉及企业员工差旅费用的核算和员工绩效的评估。ERP系统通过差旅核算与绩效评估功能，实现对员工差旅费用的报销和管理以及对员工绩效的评估和考核。这有助于企业合理控制差旅费用，提高员工绩效水平，优化人力资源配置和利用效率。

三、企业资源管理（ERP）系统的选择与评估

选择ERP系统是一个复杂且关键的决策过程，需要综合考量多个因素。首先，企业必须评估自身的业务需求和长期发展目标，确保所选ERP系统能够提供必要的功能支持。其次，成本效益分析是不可或缺的，包括软件购买成本、实施成本、运维成本以及潜在的投资回报。再次，供应商的信誉、技术支持能力、系统的可扩展性和集成性也是重要的考量点。最后，企业还应考虑ERP系统的用户体验和员工培训需求。

ERP系统的评估方法应当系统化和科学化。企业可以采用多种评估工具和技术，如需求分析、成本效益分析、风险评估、供应商评估以及原型测试等。需求分析是评估过程的起点，确保ERP系统能够满足企业的核心业务需求。成本效益分析则帮助企业量化ERP系统的经济价值。风险评估聚焦于识别和缓解ERP实施过程中可能遇到的风险。供应商评估确保选择的软件供应商具备良好的市场声誉和稳定的技术支持。原型测试则允许企业在实际投资之前，对ERP系统的功能和性能进行实际体验。

随着企业业务的不断演进和市场环境的变化，标准化的ERP系统可能难以完全适应企业的特定需求。因此，定制化和二次开发在ERP实施过程中显得尤为重要。定制化是指根据企业的特定业务流程和需求，对ERP系统进行个性化调整。二次开发则涉及对现有ERP系统功能的扩展或修改，以适应新的业务需求或技术变革。这两者都能够提高ERP系统的应用效果，增强企业的竞争力。然而，定制化和二次开发也会增加项目复杂性和成本，因此企业需要进行细致的规划和严格的项目管理。

在选择和评估ERP系统的过程中，企业应当坚持积极正向的态度，充分认识到ERP系统在资源整合、流程优化和决策支持方面的潜力。同时，企业也应当保持谨慎的态度，确保所选ERP系统能够与企业的长期战略相匹配，并在成本、效益和风险之间取得平衡。通过综合考量和科学评估，企业可以选择最适合自身需求的ERP系统，从而实现资源的高效管理和企业的可持续发展。

第三节　制造执行系统（MES）

一、制造执行系统（MES）概述

制造执行系统（MES）是一种位于企业计划层和控制层之间的信息化管理系统。它专注于生产过程的实时监控、控制与优化，确保生产活动能够按照既定的生产计划和工艺要求顺利进行。MES通过集成生产过程中的各种信息，实现对生产资源（如物料、设备、人力等）的有效管理和调度，从而提高生产效率和产品质量。

在现代制造业中，MES扮演着至关重要的角色。首先，MES能够实现生产过程的透明化管理。通过对生产数据的实时采集和分析，MES为企业提供了一个全面、实时的生产视图，使得管理层能够及时了解生产现场的状况，快速做出响应和决策。其次，MES通过精确的调度和优化生产流程，减少生产中的非增值活动，如等待时间、过度生产和库存积压等，从而降低生产成本，提高资源利用率。此外，MES还能够通过跟踪和记录生产过程中的关键数据，实现产品质量的可追溯性和持续改进。

（一）MES在智能制造中的作用

随着工业4.0和智能制造的兴起，制造业正经历一场深刻的变革。智能制造强调通过信息技术与制造技术的深度融合，实现生产过程的智能化、自动化和网络化。在这一背景下，MES作为智能制造体系中的关键组成部分，其作用日益凸显，具体体现在以下六个方面。

第一，MES通过集成来自生产线的各种数据，包括设备状态、生产进度、质量检测结果等，为智能制造提供了丰富的数据资源。这些数据经过MES的分析和处理，可以转化为有价值的信息，指导生产决策和优化生产过程。

第二，MES能够根据实时的生产数据，动态调整生产计划和资源分配，优化生产流程。这种动态优化能力是智能制造实现自适应生产和敏捷制造的基础。

第三，MES通过对设备的实时监控和预测性维护，确保设备的稳定运行和生产效率。这不仅减少了设备故障带来的生产中断，而且是智能制造中实现设备智能化管理的重要手段。

第四，MES通过集成的质量控制模块，实现对产品质量的实时监控和控制。同时，MES还能够记录产品从原材料到成品的整个生产过程，为产品质量追溯提供了可靠的数据支撑。

第五，在智能制造环境下，MES促进了不同生产环节、不同部门之间的协同工作。通过MES系统，企业可以实现跨部门、跨工厂甚至跨企业的生产协同，提高整个生产网络的效率和响应速度。

第六，智能制造强调个性化和定制化生产。MES通过灵活的工艺路线设计和生产调度，支持小批量、多样化产品的生产，满足市场和客户对个性化产品的需求。

（二）MES的功能与特点

第一，生产计划与调度。生产计划与调度是MES的核心功能之一，它涉及将企业的长期生产目标转化为具体的生产任务，并在车间层面进行详细安排。这一过程要求MES能够处理复杂的生产约束，如设备能力、物料可用性和工艺路线，以确保生产任务的顺利执行。MES通过高级计划排程（APS）工具，能够实现对生产过程的优化，减少生产准备时间和提高生产线的吞吐量。此外，MES还能够根据实时的生产数据和突发事件，动态调整生产计划，以应对市场变化和生产波动，确保生产效率和灵活性的最大化。

第二，人力资源管理。人力资源管理是MES的另一关键功能，它关注劳动力的分配、调度和绩效跟踪。MES能够根据生产计划和员工的技能、资历以及工作偏好，智能地分配工作任务。此外，MES还能够监控员工的工作进度和效率，提供实时的绩效反馈，从而帮助企业优化人力资源配置，提高员工的工作满意度和生产效率。通过对人力资源的有效管理，MES有助于降低劳动力成本，提升生产过程的透明度和可控性。

第三，现场数据采集。现场数据采集是MES的基石，它通过实时收集生产现场的各种数据，为生产决策提供支持。MES通常集成了多种数据采集技术，如条形码扫描、RFID、传感器和机器接口，以确保数据的准确性和实时性。这些数据不仅包括产品的生产数量和质量信息，而且包括设备的运行状态、物料的使用情况等。通过对这些数据的分析，MES能够帮助企业发现生产"瓶颈"，优化生产流程，提高生产效率和产品质量。

第四，质量管理。质量管理是MES的另一个重要功能，它通过实时监控生产过程，确保产品质量符合标准。MES能够集成质量管理工具，如统计过程控制（SPC）和六西格玛，以实现对生产过程的实时监控和质量控制。此外，MES还能记录产品的整个生产历史，实现产品质量的追溯和分析。通过对质量问题的快速响应和处理，MES有助于减少不良品的产生，以提高客户满意度，增强企业的市场竞争力。

第五，设备维护管理。设备维护管理是MES的关键组成部分，它关注设备的可靠性和维护效率。MES能够根据设备的运行数据和维护历史，制订预防性维护计划，减少意外停机时间。此外，MES还能提供设备的实时状态监控，预测潜在的设备故障，实现预测性维护。通过对设备的精细化管理，MES有助于延长设备的使用寿命，降低维护成本，提高生产稳定性。

第六，文档管理。文档管理是MES的另一个重要功能，它涉及生产过程中所需文档的创建、存储、检索和控制。MES能够管理各种类型的文档，如工艺文件、作业指导书、工程变更通知等。通过电子化文档管理，MES有助于提高文档的可访问性和一致性，减少纸质文档的使用，提高生产效率。此外，MES还能确保文档的版本控制和访问权限管理，防止错误信息的使用，确保生产过程的准确性和合规性。

二、制造执行系统（MES）的功能模块

（一）生产单元分配模块

生产单元分配模块是 MES 软件中用于优化生产流程和提高生产效率的关键组成部分。该模块负责根据生产计划和资源的可用性，将生产任务分配给相应的生产单元。它通过精确计算和智能算法，确保生产任务能在合适的时间和地点，由合适的人员和设备来完成。此模块通常包括订单管理、工作订单生成、生产单元选择和任务调度等功能。它能够实时响应生产过程中的变化，动态调整生产任务，以最小化生产延迟和提高生产灵活性。

（二）人力资源管理模块

人力资源管理模块是 MES 软件中用于规划、调度和跟踪员工工作的系统。该模块通过细致的劳动力管理，确保员工的技能和可用性与生产需求相匹配。它涵盖了员工技能管理、工作分配、出勤跟踪、工时和工资计算等功能。此外，该模块还能提供员工绩效分析，帮助管理层优化人力资源配置，提升员工满意度和生产效率。

（三）现场数据采集模块

现场数据采集模块是 MES 软件中用于实时收集生产现场数据的系统。该模块通过集成各种数据采集技术，如条形码扫描、RFID、传感器等，实现了对生产过程的全面监控。它能够收集关于产品产量、质量、设备状态和员工绩效的数据，并实时传输至 MES 系统进行分析和处理。此模块对于确保数据的准确性、提高生产透明度和支持决策制定至关重要。

（四）工序调度模块

工序调度模块是 MES 软件中用于详细规划和调度生产工序的系统。该模块根据生产计划、工艺路线和资源状态，制订工序级别的生产计划。它能够处理复杂的生产约束，优化工艺顺序和时间安排，以减少生产周期和提高生产效率。此外，该模块还能够实时监控工序执行情况，快速响应生产变化，确保生产计划的顺利执行。

（五）资源分配与状态管理模块

资源分配与状态管理模块是 MES 软件中用于监控和管理生产资源的系统。该模块涵盖了设备管理、物料管理、工具管理和能源管理等方面。它通过实时跟踪资源的使用状态和性能，确保资源的合理分配和高效利用。此外，该模块还能预测资源需求，支持预防性维护，减少资源故障和停机时间。

（六）产品跟踪模块

产品跟踪模块是 MES 软件中用于监控产品在生产过程中的流动和状态的系统。该模

块通过唯一标识符（如序列号、批次号）跟踪产品的生产历史，实现了产品的全程追溯。它能够提供关于产品位置、加工状态、质量检测结果和交付信息的详细数据。此模块对于提高产品质量管理、满足客户追溯要求和提升客户满意度具有重要作用。

（七）过程管理模块

过程管理模块是 MES 软件中用于监控和控制生产过程的系统。该模块通过实时监控生产过程的关键参数，确保生产过程按照既定的工艺标准执行。它能够自动调整生产过程，以应对过程偏差，保证产品质量。此外，该模块还能够提供过程优化建议，支持持续改进和精益生产实施。

（八）质量管理模块

质量管理模块是 MES 软件中用于确保和提升产品质量的系统。该模块集成了多种质量管理工具和方法，如统计过程控制（SPC）、故障检测和诊断等。它能够实时收集和分析质量数据，及时发现和解决质量问题。此外，该模块还能够生成质量报告，支持质量审核和持续改进活动。

（九）性能分析模块

性能分析模块是 MES 软件中用于评估和改进生产性能的系统。该模块通过收集和分析生产数据，评估生产效率、设备综合效率（OEE）、产量和其他关键性能指标（KPIs）。它能够识别生产性能"瓶颈"，提供改进建议，支持管理层制定改进措施和优化决策。

（十）设备维护管理模块

设备维护管理模块是 MES 软件中用于规划和管理设备维护活动的系统。该模块通过跟踪设备的使用和性能数据，制订预防性维护计划，减少意外故障和停机时间。它能协调维护资源，优化维护活动，确保设备的可靠性和生产效率。

（十一）文档管理模块

文档管理模块是 MES 软件中用于创建、存储、检索和控制生产文档的系统。该模块管理的文档包括工艺文件、作业指导书、工程变更通知等。它通过电子化文档管理，确保文档的准确性、一致性和可追溯性。此外，该模块还能够控制文档的版本和访问权限，支持合规性和审计要求。

三、制造执行系统（MES）的应用领域

通过不断的发展，MES 的研究与开发技术都取得了长足的进展，其应用领域也在不断扩大，目前主要应用于流程工业和离散工业。

（一）流程工业

流程工业的突出特点是生产线自动化程度高，生产过程信息易于获取，这为 MES 的

实施提供了良好的信息数据基础。MES能够有效解决传统流程工业企业在制造过程中管理混乱的问题。典型的流程工业包括钢铁、石化和冶金等行业。在这些行业中，MES在以下几个方面发挥着至关重要的作用。

第一，数据传送管理。数据传送管理是MES管理的基础，其主要任务是实现与ERP系统和过程控制系统（PCS）的数据交换。通过高效的数据传送管理，MES能够确保企业内部各系统之间的数据同步和信息共享，促进生产流程的高效运行和管理的协调性。

第二，合同管理。合同管理功能包括合同归并管理、合同计划管理、材料申请管理、材料存档管理及合同跟踪管理等。MES通过将用户订单按相同加工条件进行归并，生成生产合同，并动态跟踪合同在全工序的每个加工过程，确保生产过程的有序进行和合同的高效履行。

第三，质量管理。质量管理功能涵盖了质量设计管理、质量控制管理、质量判定管理、化验管理、产品规范管理、冶金规范管理、制造标准管理及质保书管理等方面。MES通过全面的质量管理功能，确保了产品从设计到生产再到出厂的全过程质量控制，提高了产品的整体质量水平。

第四，数据统计。数据统计功能将已经发货出厂的数据进行分类归档，并按主题进行存储。这些数据包括加工过程中的所有质量数据、生产数据、发货数据、合同数据和工艺控制数据等。数据统计对后续产品质量分析、成本分析、售后处理和索赔等具有重要意义，可帮助企业进行科学的决策和管理。

第五，发货管理。发货管理功能主要包括发货资源管理、发货计划管理、发货跟踪管理及发货票据管理等。MES通过有效的发货管理功能，确保成品材料的合理出厂，编制科学的发货计划，并对整个发货过程进行跟踪管理，提升了发货效率和准确性。

第六，物料管理。物料管理功能收集来自过程控制计算机的生产信息，包括物料加工信息、质量控制参数、包装信息、质量封闭信息、工序成本信息和能源消耗信息等。MES通过对生产过程状态和加工过程中的物料信息进行全程跟踪，了解物料在生产过程中的加工情况、尺寸变化、质量情况和工艺控制情况，确保生产过程的透明性和可控性。

第七，库区管理。库区管理功能主要是针对板坯、废钢料、钢卷及其他材料的库存管理。MES通过对这些材料的入库、出库、库内移动、盘库和收发库存等进行管理，确保库存管理的规范化和高效化，减少库存积压和浪费。

第八，作业计划管理。MES根据合同信息、库存情况及各个机组工艺限制等条件编制作业计划，并将这些计划通过人工调整和确认后下发到过程控制计算机中，确保生产计划的合理性和可执行性。

第九，工序成本收集。工序成本收集功能主要收集能源消耗数据和辅材消耗数据等，并根据这些数据进行成本核算。MES通过将核算的成本信息传递给物料管理，帮助企业进行成本控制和优化，提高生产效益。

第十，设备运转状况管理。设备运转状况管理功能按照生产计划和设备维护、检修计划对设备进行储备、加工、维护和跟踪管理。MES通过记录设备的使用和消耗状况，为生产管理提供数据支持，确保设备的高效运转和生产的连续性。

（二）离散工业

离散工业的产品在生产过程中通常被分解成多个不连续的加工任务来完成。这种生产方式的特点包括生产规模差别较大、生产车间信息化程度差异显著、生产业务流程不同、生产信息复杂和生产车间扰动多等。典型的离散工业包括汽车制造和机械制造等行业。

在离散工业中，MES的应用同样发挥了重要作用。通过MES，企业能够实现生产计划的精细化管理、资源的优化配置、质量的全面控制和信息的高效传递。这些功能的实现不仅提高了生产效率和产品质量，而且增强了企业的市场竞争力。

第一，MES通过精细化的生产计划管理，帮助离散工业企业优化生产流程。系统能够根据生产任务的需求和车间的实际情况，合理安排各项生产任务，确保生产资源的有效利用和生产过程的顺利进行。

第二，MES在资源优化配置方面发挥了重要作用。通过对生产资源的全面管理和动态监控，系统能够实时了解资源的使用情况，并根据生产需求进行合理调配，避免资源浪费和遇到生产"瓶颈"，提高了生产效率。

第三，质量控制是MES在离散工业中的另一重要功能。系统通过全面的质量管理模块，对生产过程中的每个环节进行严格的质量监控和管理，确保产品符合设计规范和质量标准。同时，系统还能对质量问题进行及时反馈和处理，减少质量缺陷和生产损失。

第四，信息传递是MES在离散工业中的核心功能之一。通过高效的信息传递和数据共享，系统能够实现生产过程的透明化和信息的实时更新，促进了各部门之间的协调与合作，提高了生产管理的效率和响应速度。

第五，MES在离散工业中的应用还体现在生产过程的柔性管理上。离散工业的生产任务多样且变动频繁，系统通过灵活的生产管理模块，能够快速适应生产计划的变化和市场需求的波动，增强了企业的生产柔性和市场适应能力。

第六，MES在离散工业中的设备管理和维护方面也发挥了重要作用。通过对设备运行状态的实时监控和维护计划的合理安排，系统能够有效延长设备的使用寿命，减少设备故障和生产停工，提高生产设备的利用率和生产线的稳定性。

四、制造执行系统（MES）的实施策略

制造执行系统（MES）的成功实施不仅依赖技术的先进性，而且依赖全面的实施策略，

一个完整的 MES 实施策略应包括需求分析、系统设计、系统集成以及用户培训与支持。这些环节环环相扣，共同确保 MES 软件能够在企业生产环境中发挥最大效益。

（一）需求分析

需求分析是 MES 实施的首要步骤，也是最为关键的一环。通过需求分析，企业能够明确自身在生产管理中的痛点和"瓶颈"，并为 MES 的设计和开发提供明确的方向。需求分析的过程应包括详细的业务流程调研、现有系统的评估、关键绩效指标（KPI）的定义以及用户需求的收集与分析。通过深入了解企业的生产流程和管理需求，MES 项目团队能够确保系统的设计与企业的实际情况高度契合，从而为后续的系统设计和实施打下坚实基础。

（二）系统设计

在需求分析完成后，系统设计阶段将需求转化为具体的系统功能和技术解决方案。系统设计包括总体架构设计、功能模块设计、数据模型设计以及用户界面设计等方面。在总体架构设计中，MES 需要与企业的 ERP、过程控制系统（PCS）以及其他信息系统无缝集成，形成一个统一的企业信息管理平台。功能模块设计应根据需求分析的结果，定义各个模块的具体功能和工作流程，确保系统能够全面支持企业的生产管理需求。数据模型设计则需要确保数据的完整性、一致性和可追溯性，为企业的生产数据管理和分析提供有力支持。用户界面设计则应注重系统的易用性和用户体验，确保操作人员快速掌握系统的使用方法，提高工作效率。

（三）系统集成

系统集成是 MES 实施过程中最具挑战性的一环。它不仅需要实现 MES 各模块之间的无缝对接，而且需要确保 MES 与企业现有的 ERP、PCS 以及其他信息系统的高效集成。系统集成的目标是实现信息的共享和流程的协同，从而提高企业的整体运营效率。在系统集成过程中，数据接口的设计与开发尤为重要，接口需要支持多种数据格式和通信协议，确保不同系统之间的数据交换顺畅无阻。此外，系统集成还需要进行大量的测试和验证，包括单元测试、集成测试和系统测试，确保系统在实际运行中的稳定性和可靠性。

（四）用户培训与支持

用户培训与支持是 MES 实施成功的重要保障。通过系统化的培训计划，企业能够确保所有相关人员熟练掌握 MES 的操作方法和使用技巧。培训内容应包括系统的基础操作、各功能模块的使用、常见问题的解决方案以及系统维护和管理等方面。此外，培训还应注重实战演练，通过模拟实际生产场景，使用户能够在实际操作中熟练应用所学知识。为了确保系统的长期稳定运行，企业还需要建立完善的用户支持体系。用户支持包括在线帮助、技术支持热线、现场支持以及定期的系统维护与升级服务等。通过及时、有效的用户支持，企业能够迅速解决系统运行中出现的问题，确保生产过程的顺利进行。

在综合考虑各个实施策略环节时，企业应注重各环节之间的协调与配合，确保系统实施的顺利推进。需求分析为系统设计提供了明确的方向，系统设计为系统集成奠定了基础，而系统集成的成功则依赖于详细、科学的设计方案。用户培训与支持则贯穿于系统实施的整个过程，通过不断的培训和支持，确保系统能够被高效、稳定地应用于企业生产管理中。通过全面、系统的实施策略，企业能够充分发挥MES的优势，实现生产管理的数字化、智能化和高效化，为企业的长远发展提供坚实的技术保障。

第四节 赛博物理系统（CPS）

一、赛博物理系统（CPS）概述

（一）CPS的定义与内涵

赛博物理系统（CPS）是指通过计算、通信与控制技术的深度融合，实现物理过程与信息过程高度集成的一类复杂系统。CPS的核心在于将物理世界中的各种过程（如机械运动、温度变化、化学反应等）与计算机控制和网络通信紧密结合，使得物理设备能够自主感知、计算和决策，从而实现高度自动化和智能化的操作。

赛博物理系统（CPS）的定义不仅限于简单的物理设备和计算机系统的结合，而是强调两者之间的协同作用和深度融合。在CPS中，传感器负责收集物理世界的实时数据，这些数据通过网络传输至计算机系统进行分析和处理，生成控制指令，再通过执行器作用于物理系统，从而形成一个闭环控制过程。这种闭环控制过程的特点是实时性、精确性和智能化，能够适应复杂动态环境中的各种变化。

"基于数控机床的赛博物理系统（CPS）是智能化加工的重要基石。"[1]CPS的内涵包括多层次、多领域的深度集成。首先，CPS涉及多个层次，从物理设备层、传感与执行层到通信与网络层，再到数据处理与决策层，每一个层次都需要高度集成和协同工作。其次，CPS跨越多个领域，包括机械工程、电气工程、计算机科学、控制理论和通信工程等，需要多学科的交叉融合和综合应用。

此外，CPS的内涵还体现在其动态性和复杂性。CPS的运行环境通常是高度动态的，系统需要能够实时响应环境的变化，并根据实时数据进行自适应调节。同时，CPS的复杂性体现在系统规模大、功能多样、组件繁多，各组件之间的交互和依赖关系复杂，必须通

---

[1] 赵佳佳，徐敏，付细群.CPS系统的构建及在实际加工中的应用[J].机械工程与自动化，2019（5）：195-196，199.

过先进的系统设计和工程方法进行有效管理和控制。

（二）CPS 的核心技术组成

赛博物理系统（CPS）的核心技术组成主要包括传感与感知技术、控制与执行技术、通信与网络技术、数据处理与分析技术、安全与可靠性技术等。这些核心技术相互交织、协同工作，构成了 CPS 的技术基础和实现手段。

第一，传感与感知技术。传感器是 CPS 的感知前端，负责实时采集物理世界中的各种信息，如温度、压力、位置、速度等。高精度、多功能的传感器能够提供丰富的环境数据，为系统的分析和决策提供基础。此外，传感器网络通过将多个传感器节点互联，能够实现大范围、多节点的数据采集和传输。

第二，控制与执行技术。控制系统是 CPS 的核心组件，负责根据感知数据和决策算法生成控制指令，指挥执行器完成具体操作。实时控制、分布式控制、自适应控制等先进控制技术能够提高系统的响应速度和精确度。执行器则是 CPS 的操作端，通过执行控制指令，实现对物理过程的调节和控制。

第三，通信与网络技术。可靠的通信网络是 CPS 中信息传输的关键。无线传感器网络（WSN）、工业互联网（IIoT）、5G 通信等技术能够提供高带宽、低延迟的通信服务，保证感知数据和控制指令的实时传输。通信协议和标准化技术则确保不同设备和系统之间的互操作性和兼容性。

第四，数据处理与分析技术。数据处理与分析技术包括数据采集、数据存储、数据处理和数据分析。大数据技术、人工智能技术、云计算技术和边缘计算技术能够处理和分析海量感知数据，挖掘数据中的有用信息，支持系统的智能决策和优化控制。

第五，安全与可靠性技术。CPS 在运行过程中面临多种安全威胁和可靠性挑战。网络安全技术、数据加密技术、访问控制技术等能够保护系统的安全，防止恶意攻击和数据泄露。可靠性工程技术、容错设计、冗余设计等能够提高系统的可靠性和稳定性，确保系统在各种复杂环境下正常运行。

（三）CPS 的应用领域

赛博物理系统（CPS）在多个行业和领域中具有广泛的应用前景，其技术优势和集成特性使其能够适应各种复杂和动态的应用场景。以下是 CPS 在一些主要应用领域的具体表现：

第一，智能制造。在智能制造领域，CPS 实现了从传统制造向智能制造的转变。通过引入先进的传感技术、控制技术和通信技术，CPS 能够实现生产过程的实时监控、优化和自动化控制，提高生产效率和产品质量。此外，CPS 支持生产系统的柔性化和个性化定制，能够快速响应市场需求的变化，提供定制化的产品和服务。

第二，智能交通。在智能交通系统中，CPS 通过整合车辆、交通基础设施和交通管理系统，实现交通流量的智能调度和控制。车联网技术和自动驾驶技术的应用，使得车辆能够实现自主感知、自主决策和自主驾驶，提高交通安全性和通行效率。同时，CPS还能够提供实时交通信息和导航服务，优化出行路径，减少交通拥堵。

第三，智能电网。在智能电网中，CPS通过传感器网络和通信技术，实现对电力系统的实时监控和智能调度。智能电表、智能变电站和分布式能源管理系统的应用，使得电力系统能够实现供需平衡、故障诊断和自动恢复，提高电力系统的稳定性和可靠性。此外，CPS还支持可再生能源的接入和分布式能源的管理，推动能源结构的优化和可持续发展。

第四，医疗健康。在医疗健康领域，CPS通过整合传感器、通信网络和数据分析技术，实现对患者健康状况的实时监测和智能诊断。远程医疗系统和智能医疗设备的应用，使得医生能够远程监控和管理患者的健康状况，并为患者提供个性化的医疗服务。CPS还支持医疗大数据的分析和挖掘，为疾病预防、诊断和治疗提供科学依据。

第五，智能城市。在智能城市建设中，CPS通过整合城市的各个子系统（如交通系统、电力系统、水务系统等），实现城市运行的智能化管理和协调控制。智能传感器网络和大数据平台的应用，使得城市管理部门能够实时掌握城市运行状况，优化资源配置，提升城市管理水平和服务质量。同时，CPS还支持城市环境监测和应急响应，提高城市的宜居性和安全性。

赛博物理系统（CPS）作为一种高度集成和智能化的系统，在各个领域的广泛应用，推动了传统产业的转型升级和新兴产业的发展。通过持续的技术创新和应用推广，CPS将进一步发挥其在提升系统智能化水平、优化资源配置和提高服务质量等方面的重要作用，为各行业和领域的发展注入新的动力和活力。

二、赛博物理系统（CPS）的基本架构

赛博物理系统（CPS）的基本架构是确保其功能实现和高效运行的关键。在深入探讨CPS的组成部分、架构设计与实现、通信与网络技术以及安全性与可靠性之前，有必要全面理解其基础架构，以便更好地理解这些系统如何在各种应用场景中发挥作用。

（一）CPS的组成部分

赛博物理系统（CPS）的基本组成部分包括物理设备、传感器、执行器、计算平台、通信网络以及控制算法。这些组成部分相互连接、协同工作，共同实现系统的整体功能。

第一，物理设备。这是CPS的核心实体，指实际存在的、具有物理属性的系统或对象，如机器设备、交通工具、发电设备等。物理设备的运行状态和环境信息需要被实时监测和控制，以实现系统的预期功能。

第二，传感器。传感器负责收集物理设备和环境的各种数据，包括温度、湿度、压力、

速度、位置等。这些数据为系统的分析和决策提供了基础。传感器的类型多样，可以是无线的或有线的，具体选择依赖于应用场景的需求。

第三，执行器。执行器根据控制系统发出的指令，进行相应的物理操作，如启动、停止、调节等。执行器是实现物理世界中各种操作的重要组件，能够影响物理设备的状态和行为。

第四，计算平台。计算平台是 CPS 的大脑，负责处理传感器数据、执行复杂的计算和分析任务，并生成控制指令。计算平台可以是集中式的（如中央处理单元）或分布式的（如边缘计算节点），以满足不同应用场景的需求。

第五，通信网络。通信网络是 CPS 中各组成部分之间数据传输的桥梁。高效、可靠的通信网络能够确保数据的实时传输和指令的准确执行。常见的通信技术包括无线传感器网络（WSN）、工业以太网、5G 等。

第六，控制算法。控制算法是 CPS 的核心软件，负责将传感器数据转化为决策信息，并生成相应的控制指令。控制算法可以包括简单的规则集、复杂的数学模型或基于人工智能的机器学习算法。

（二）CPS 的架构设计与实现

赛博物理系统（CPS）的架构设计与实现是确保其功能有效性和性能稳定性的基础。CPS 的架构设计通常需要遵循模块化、层次化、分布式系统集成和互操作性等原则，以提高系统的可扩展性、灵活性和容错能力。

第一，模块化设计。模块化设计是指将 CPS 分解为多个功能模块，每个模块独立完成特定的任务。这种设计方法能够提高系统的可维护性和可扩展性。在实际应用中，模块化设计可以体现在硬件模块（如传感器模块、执行器模块）和软件模块（如数据处理模块、控制模块）的划分上。

第二，层次化架构。层次化架构将 CPS 划分为不同的层次，每一层次完成特定的功能，并通过明确的接口进行数据交换。常见的层次化架构包括物理层、感知层、网络层、计算层和应用层。物理层负责物理设备的运行和监控；感知层负责数据采集；网络层负责数据传输；计算层负责数据处理和决策；应用层则实现具体的业务功能。

第三，分布式系统。分布式系统架构通过在不同地点部署多个计算和存储节点，实现资源的分布式管理和任务的并行处理。分布式架构能够提高系统的可靠性和容错能力，同时能够更好地适应大规模和复杂应用场景的需求。

第四，系统集成与互操作性。系统集成是指将 CPS 的各个模块和层次有机结合，形成一个协调运作的整体。互操作性是指不同系统或模块之间能够无缝协同工作，实现数据的共享和功能的互补。在系统设计与实现过程中，需要考虑标准化接口和协议，以确保系统的互操作性。

（三）CPS 的通信与网络技术

通信与网络技术是赛博物理系统（CPS）实现实时数据传输和指令执行的关键。高效、可靠的通信网络是 CPS 运行的基础，能够确保各个模块之间的数据交换和协调控制。

第一，无线传感器网络（WSN）。WSN 是 CPS 中广泛使用的通信技术，能够实现大范围、多节点的传感器数据采集和传输。WSN 具有灵活部署、低成本和自组织等优点，适用于多种应用场景。然而，WSN 也面临能耗、带宽和延迟等挑战，需要通过优化网络协议和拓扑结构加以解决。

第二，工业以太网。工业以太网是一种高带宽、低延迟的有线通信技术，广泛应用于工业自动化领域。工业以太网具有可靠性高、抗干扰能力强等优点，能够满足 CPS 对实时性和可靠性的高要求。常见的工业以太网协议包括 Ethernet/IP、Profinet 和 Modbus TCP 等。

第三，5G 通信技术。5G 通信技术具有高速率、低延迟和大连接数等特点，为 CPS 提供了新的通信手段。5G 能够支持大规模物联网设备的接入和数据传输，提高系统的响应速度和数据处理能力。在智能制造、智能交通和智能电网等领域，5G 技术的应用前景广阔。

第四，通信协议与标准。CPS 中使用的通信协议和标准对于实现系统的互操作性和兼容性至关重要。常见的通信协议包括 MQTT、CoAP、HTTP/2 等，这些协议具有不同的特点和适用场景。标准化组织（如 ISO、IEEE、IEC 等）制定的通信标准，为 CPS 的设计和实现提供了技术规范和指导。

（四）CPS 的安全性与可靠性

赛博物理系统（CPS）的安全性与可靠性是确保其稳定运行和防止恶意攻击的关键。CPS 的复杂性和多样性使得其面临多种安全威胁和可靠性挑战，需要通过多层次的防护措施和工程方法加以应对。

第一，网络安全。网络安全是 CPS 面临的主要挑战之一。CPS 中的各个模块和层次通过通信网络进行数据交换，容易成为网络攻击的目标。网络安全措施包括数据加密、身份认证、访问控制、防火墙和入侵检测等，能够防止数据泄露和未授权访问，保护系统的安全。

第二，数据安全。数据安全是 CPS 的重要组成部分，涉及数据的采集、传输、存储和处理的各个环节。数据加密技术能够保护数据的机密性，防止数据在传输和存储过程中被窃取或篡改。数据备份和恢复机制能够提高数据的可靠性，防止数据丢失。

第三，系统可靠性。系统可靠性是指 CPS 在各种运行条件下能够稳定运行，并完成预定任务的能力。可靠性工程技术包括冗余设计、容错设计和故障检测与恢复等，能够提高系统的容错能力和稳定性。定期的维护和测试也是确保系统可靠性的重要手段。

第四，物理安全。物理安全是 CPS 中防止物理破坏和干扰的重要方面。物理安全措施包括设备防护、环境监控和防火防盗等，能够防止物理设备的损坏和非法访问。此外，环境监控系统能够实时监测设备的运行环境，及时发现和排除安全隐患。

第五，标准与合规。遵循国际标准和法规是确保 CPS 安全性与可靠性的基础。标准化组织和行业协会制定的安全标准和合规要求，为 CPS 的设计、实现和运行提供了技术规范和法律保障。通过符合标准和合规要求，CPS 能够提高其可信度和市场接受度。

第四章 数字技术促进智能制造设计与加工发展

在数字化技术日新月异的背景下,智能制造设计与加工正迎来前所未有的发展机遇。本章将深入探讨智能设计的需求与演化,以及数字技术如何赋能智能设计的技术革新。同时,我们将关注智能数控加工生产技术与增材制造的前沿应用,以及智能加工过程中的质量监控与智能检测。这些研究不仅揭示了智能制造设计与加工的发展趋势,也为企业提升生产效率、优化产品质量提供了重要指导,具有重要的理论意义和实践价值。

第一节 智能设计的需求与演化

智能设计是将人的知识融入数字化设计中。智能设计不是纯技术问题,还涉及制度、管理、信息技术、工程技术等方面。人依然是未来智能工厂的主角。智能设计减少的是重复的、可编程的工作,更多的富有创造性的工作需要人去做。

智能设计的需求主要有:技术创新的需要,提高开发设计效率的需要,提高产品和制造过程环境友好性的需要,降低产品生命周期成本的需要。

一、智能设计的需求

(一)从技术模仿到技术创新的转变

在全球化的经济背景下,市场竞争日趋激烈,企业要想在竞争中立于不败之地,必须实现从技术模仿向技术创新的转变。技术模仿虽然能够在短时间内获取市场,但缺乏核心竞争力,难以实现可持续发展。而技术创新则能够为企业带来持续的竞争优势,推动企业向高端制造迈进。

市场竞争的加剧和知识产权保护的加强,对企业的技术创新提出了更高的要求。在加入世界贸易组织(WTO)后,中国企业面临着国际市场的激烈竞争,同时要遵守更为严格的知识产权规则。这要求企业不仅要引进国外的先进技术,更要在此基础上进行自主创新,形成具有自主知识产权的核心技术。

核心技术是企业的核心竞争力,自主掌握核心技术是企业实现可持续发展的关键。中国企业在引进国外技术的同时，应加大研发投入，培养自身的研发团队，通过不断的技术积累和创新，形成具有自主知识产权的核心技术。这不仅能够提升企业的市场竞争力，而且能够在国际市场上占据有利地位。

（二）开发设计周期的缩短与效率提升

在快速变化的市场环境中，产品更新换代的速度不断加快，缩短产品开发设计周期，提升开发设计效率，成为企业的迫切需求。

随着消费者需求的多样化和个性化，产品的生命周期越来越短。企业必须快速响应市场变化，缩短产品从设计到上市的时间。这不仅能够满足消费者的需求，而且能够抢占市场先机，提高企业的市场竞争力。

快速设计平台和并行工程是缩短产品开发设计周期、提升开发设计效率的重要手段。快速设计平台通过整合设计资源，提供有序化的知识管理和智能设计工具，帮助设计师快速完成设计任务。并行工程则通过组织与产品全生命周期相关的设计、制造、装配、使用和维护人员协同进行产品开发设计，实现多任务并行处理，大大缩短产品开发周期。

（三）产品与制造过程的环境友好性

面对全球环境问题的日益严峻，产品与制造过程的环境友好性成为企业必须考虑的重要因素。

绿色设计和制造技术是实现产品与制造过程环境友好性的重要手段。绿色设计强调在产品设计阶段就考虑产品全生命周期的环境影响，通过优化设计减少资源消耗和环境污染。绿色制造则通过改进生产工艺，减少生产过程中的能源消耗和废弃物排放，实现生产过程的环境友好性。

环境影响评价和知识库的建立，对于提升产品与制造过程的环境友好性具有重要作用。环境影响评价通过对产品全生命周期的环境影响进行评估，为企业提供了改进产品环境性能的依据。知识库的建立则为企业提供了丰富的环境友好设计和制造的知识资源，帮助企业在设计和制造过程中做出更加科学的决策。

（四）产品生命周期成本的降低

降低产品生命周期成本（LCC）是企业提高市场竞争力的重要途径。

生命周期成本是指产品从研发、生产、使用到报废全过程中的所有成本。降低生命周期成本不仅能够为企业带来直接的经济效益，还能够提高产品的市场竞争力，满足消费者对性价比的追求。

成本数据的获取与分析是实现生命周期成本降低的基础。企业需要建立完善的成本数据获取和分析机制，通过对产品全生命周期成本的准确计算和分析，找出成本控制的关键点，制定有效的成本控制策略。同时，企业还需要加强与供应商、分销商等合作伙伴的协同，通过对整个供应链的成本控制，实现整体生命周期成本的降低。

智能设计的需求分析不仅涉及技术创新、设计效率、环境友好性和成本控制等多个方面，而且这些方面之间存在着相互联系和相互影响的关系。企业在实施智能设计时，需要综合考虑这些因素，制定科学合理的智能设计策略，以实现企业的可持续发展。

二、智能设计的演化

智能设计的演化过程是信息技术与制造技术不断融合、创新的重要体现。通过回顾智能设计的发展历程，深入探讨信息技术在其中的影响，分析基于知识和软件的智能设计方法，并最终提出智能设计系统的大脑模型，可以全面了解智能设计的现状与未来趋势。

（一）智能设计的演进历程

智能设计的演进历程展示了从传统设计方法向智能化、自动化设计方法的转变过程。这一演进不仅提升了设计效率和质量，也推动了制造业的整体进步。

计算机辅助设计（CAD）的出现标志着设计领域的一次革命。CAD系统通过计算机技术帮助设计人员完成复杂的图纸绘制和模型创建，大大提高了设计的效率和精确度。然而，传统CAD系统主要依赖设计人员的经验和知识，智能化程度较低。智能CAD是在传统CAD的基础上引入人工智能技术和专家系统，通过知识库和推理机制支持设计过程中的决策和优化。智能CAD系统能够自动识别设计中的错误和不合理之处，并提出改进建议。它不仅能够辅助设计人员完成图纸绘制，还能进行方案优化和性能预测，显著提高了设计质量和效率。

随着计算机技术和人工智能技术的快速发展，智能设计技术也在不断进步。早期的智能设计系统主要依赖规则推理和专家系统，而现代智能设计系统则广泛应用了机器学习、深度学习和大数据技术。机器学习技术通过分析大量的设计数据，自动提取设计规律和优化策略，为设计人员提供更加精准的设计建议。深度学习技术则通过神经网络模型，自动完成复杂的图像识别和模式识别任务，为设计过程中的图形处理和特征提取提供强大的支持。大数据技术则通过对海量设计数据的存储、管理和分析，为智能设计系统提供了丰富的数据资源和知识支撑。

（二）信息技术对智能设计的影响

信息技术的快速发展对智能设计产生了深远的影响。它不仅改变了传统的设计方法和流程，而且推动了设计过程的智能化和自动化。

信息技术在产品设计中扮演着重要的角色。首先，信息技术为设计人员提供了强大的工具和平台，如CAD、计算机辅助工程（CAE）、计算机辅助制造（CAM）等，使得设计过程更加高效和精确。其次，信息技术为设计过程中的协同工作提供了技术支持，通过计算机网络和协同设计平台，设计团队可以实现异地协同设计和实时数据共享。最后，信息技术还为设计过程中的数据管理和知识管理提供了技术手段，通过数据库和知识库系统，设计数据和知识得到了系统的管理和利用。

信息技术对智能设计各阶段的影响是全面而深刻的。在概念设计阶段，信息技术通过计算机模拟和虚拟现实技术，帮助设计人员进行设计方案的快速验证和优化。在详细设计阶段，信息技术通过CAD和CAE系统，帮助设计人员完成详细图纸和模型的创建与分析。在生产设计阶段，信息技术通过CAM系统和数控技术，帮助设计人员完成生产工艺的规划和优化。

此外，信息技术还通过产品生命周期管理（PLM）系统，实现了产品设计、制造、销售和维护全过程的数字化管理，提高了产品设计的效率和质量，缩短了产品的开发周期。

第二节　数字技术背景下智能设计的技术

在数字化时代，智能设计技术正在迅速发展并在各个领域得到广泛应用，智能设计不仅提高了设计效率和质量，而且促进了创新和产业升级。

一、基于知识的智能设计技术

基于知识的智能设计技术是通过利用已有的设计知识和经验，实现设计过程的自动化和智能化。该技术以知识工程为基础，强调知识的获取与表示、存储与管理、推理与应用以及共享与协同。

（一）知识获取与表示

知识获取是智能设计的首要步骤，通过分析和总结大量的设计数据、文档和实例，提取出设计中的关键知识和规律；知识表示则是将获取的知识以结构化的形式存储在知识库中，常见的方法包括语义网、框架、规则和本体等。这些知识表示方法能够有效地描述设计对象的属性、关系和行为，支持知识的共享和重用。语义网利用节点和边来表示知识之间的关系，框架则通过预定义的结构来描述对象的特征，规则使用条件动作来表达逻辑，且本体通过定义概念及其关系来实现更高层次的知识描述。这些方法共同确保了知识在设计过程中的准确表达和高效利用。

（二）知识存储与管理

知识存储与管理是确保设计知识能够被有效利用的关键。通过构建知识库，设计知识可以被系统化地存储和组织。知识管理系统提供了知识的查询、更新和维护功能，确保知识的准确性和及时性。知识存储与管理不仅包括静态知识的存储，还涉及动态知识的更新和版本控制。动态知识的更新需要实时地反映最新的设计信息，而版本控制则保障了知识库的历史记录和演变过程。这种系统化的管理使得设计知识能够在需要时快速调用，并根据实际需求进行调整和优化。

（三）知识推理与应用

"近年来，随着互联网技术和应用模式的迅猛发展，引发了互联网数据规模的爆炸式增长，其中包含大量有价值的知识。"[1] 知识推理是基于已有知识进行逻辑推理和决策的过程。智能设计系统通过知识推理技术，可以自动生成设计方案、优化设计过程和验证设计结果。常用的知识推理方法包括规则推理、案例推理和模型推理等。这些推理方法能够模拟人类专家的思维过程，实现复杂设计问题的智能求解。规则推理通过预设的规则进行逻辑演绎，案例推理则利用历史案例进行类比推断，模型推理基于数学或计算机模型进行模拟和预测。这些方法在不同的应用场景中，能够提供灵活且精准的设计决策支持，提高设计过程的智能化水平。

（四）知识共享与协同

知识共享与协同是实现智能设计的重要手段。通过知识共享，设计团队可以访问和利用全局的设计知识，提高设计效率和质量。协同设计平台支持多用户同时进行设计工作，提供实时沟通和协作工具，促进团队成员之间的知识交流和合作。知识共享与协同不仅提高了设计的灵活性和响应速度，还增强了团队的创新能力。协同设计平台通过集中存储和管理设计知识，使得不同地域、不同专业的设计师能够在同一平台上无缝合作，从而实现高效的知识交流和创新成果的快速落地。

二、基于软件的智能设计技术

基于软件的智能设计技术是通过开发和应用各类设计软件工具，辅助设计师进行设计和优化工作。这些软件工具集成了先进的计算技术和设计方法，提供了丰富的功能和强大的计算能力。

（一）计算机辅助设计（CAD）

计算机辅助设计（CAD）是智能设计技术的核心工具，通过CAD软件，设计师可以进行几何建模、工程分析、图纸生成等工作。CAD软件不仅提高了设计的准确性和效率，而且支持三维设计和虚拟仿真，增强了设计的直观性和可视化效果。

（二）计算机辅助工程（CAE）

计算机辅助工程（CAE）是基于CAD模型进行工程分析和优化的工具。通过CAE软件，

---

[1] 官赛萍，靳小龙，贾岩涛，等.面向知识图谱的知识推理研究进展[J].软件学报，2018，29（10）：2966-2994.

设计师可以进行有限元分析、结构优化、流体动力学模拟等工作。CAE 软件提供了强大的仿真和优化功能,能够预测设计的性能和行为,支持设计方案的评估和改进。

(三)计算机辅助制造(CAM)

计算机辅助制造(CAM)是基于 CAD 和 CAE 模型进行制造过程规划和控制的工具。通过 CAM 软件,制造工程师可以生成数控加工程序,进行工艺设计和优化制造过程。CAM 软件提供了高效的加工路径生成和仿真功能,确保制造过程的精确和高效。

(四)虚拟现实(VR)和增强现实(AR)

虚拟现实(VR)和增强现实(AR)技术在智能设计中得到了广泛应用。通过 VR 技术,设计师可以在虚拟环境中进行设计和验证,体验真实的设计效果。AR 技术则将虚拟信息叠加在现实环境中,支持设计的展示和交互,VR 和 AR 技术增强了设计的沉浸感和交互性,提高了设计的可视化和用户体验。

第三节 智能数控加工生产技术与增材制造

一、智能数控加工生产技术

"随着数控技术的发展,开放式、智能化和网络化的数控系统成了主要的发展趋势,为了适应这一趋势,数控系统需要一种开放式、智能化和网络化的加工数据模型。"[①]

(一)智能数控加工生产技术概述

数控加工生产技术是在传统加工技术的基础上,通过引入数字控制技术而发展起来的一种现代化生产方式。该技术通过计算机程序对机床的各项运动进行精确控制,从而实现对机械零件的高效加工。数控加工生产技术的核心在于利用预先编写的程序,使机床能够自动执行一系列复杂的加工操作,这不仅提高了加工精度和效率,而且显著减少了人为操作带来的误差和不确定性。

智能数控加工生产技术则是在传统数控技术基础上进一步融合了先进制造技术与数字化技术。通过高速计算机运算系统的应用,智能数控加工得以结合智能工艺规划、智能编程、智能数控系统、智能伺服驱动以及智能诊断与维护等多种人工智能技术,从而显著提升了加工过程的自动化和智能化水平。这种技术的具体应用形式表现为"智能机床"或"智能加工中心",这些智能设备能够自主进行复杂的加工任务,并且具有自我优化和自我维护的能力,从而进一步提升生产效率和提高产品质量。

---

① 曾奇峰. 基于 STEP-NC 的智能数控系统关键技术研究 [D]. 辽宁:东北大学,2018:1.

智能数控加工生产技术不仅代表了制造业技术的前沿方向，而且体现了制造业向数字化、智能化发展的趋势。通过人工智能技术的引入，智能数控加工系统可以实现更高程度的自动化和智能化，使得生产过程更加高效、精准和灵活，满足现代制造业对高质量、高效率和低成本生产的需求。这一技术的发展和应用，不仅推动了制造业技术水平的提升，而且为相关产业的转型升级提供了强有力的技术支撑。

（二）智能数控加工生产技术的发展历程

智能机床的发展经历了三个主要阶段：萌芽阶段、孕育阶段和诞生阶段。

1. 萌芽阶段

智能机床在其萌芽阶段经历了由手动操作向自动化设备的转变，标志着机、电、液一体化技术的初步应用。这一阶段的技术演进经历了电子管、继电器和模拟电路的第一代技术，晶体管替代电子管的第二代技术，以及集成电路替代晶体管的第三代技术。随着技术的不断进步，智能机床的体积逐渐减小，功耗持续下降，成本不断降低，同时可靠性也显著提升，为其未来大规模应用奠定了基础。这一阶段的核心目标是减少人力投入，提高生产效率，以满足工业生产的迫切需求。在这一演进过程中，机床逐渐从依赖人力操作转变为具备自主运行能力的高效自动化设备，为工业制造的现代化进程注入了新的活力。随着智能机床的萌芽阶段不断发展完善，其在工业生产中的应用前景将更加广阔，为制造业的转型升级和智能化发展提供了有力支撑。因此，智能机床萌芽阶段的技术演进具有重要意义，为未来智能制造的持续发展奠定了坚实基础。

2. 孕育阶段

智能机床的孕育阶段是其发展历程中具有重要意义的阶段之一，标志着计算机技术在机床领域的广泛应用，为智能机床的诞生奠定了重要的基础。在这一阶段，机床开始集成计算机系统，这种集成将机床与计算机技术相结合，从而实现了大幅减少体力和部分脑力劳动的目标。在1970年的芝加哥国际机床展览会上，首次展出了基于中大规模集成电路的小型计算机机床，这标志着机床开始迈入数字化、智能化的时代。随后，1974年，基于微型计算机的数控系统问世，这一系统将计算机作为核心部件，取代了传统的机械控制装置，极大地提升了数控装置的性能价格比，简化了数控加工的编程和操作，提高了系统的易用性。20世纪80年代初，随着技术的不断进步，数控系统进一步集成了更多计算机功能，逐渐发展成为专用计算机系统，其控制精度和加工速度得到了进一步的提升，使得智能机床的性能和稳定性得到了更好的保障。

3. 诞生阶段

智能机床的诞生阶段是其发展历程中的一个关键时期，其主要特征是通过融合高速处理计算机和人工智能技术，最终实现了智能机床的全面发展。虽然在20世纪80年代，美国就提出了"适应控制"机床的研究计划，但由于自动检测、自动调节和自动补偿等关键自动化环节尚未完全解决，导致该领域的进展相对缓慢。然而，随着电加工机床首先实现了"适应控制"，通过自动选择和调节放电间隙及加工工艺参数，有效提高了机床的加工精度、效率和自动化水平。这一技术的突破为智能机床的诞生奠定了基础。

随后，美国通过成立智能机床启动平台，进一步加速了智能机床的研究进程。在2006年的IMTS展会上，日本Mazak公司展示的智能机床标志着"适应控制"技术的显著进步。这些智能机床不仅具备了自动化加工的能力，而且能够根据加工过程中的变化自主调整参数，实现了更高水平的加工精度和效率。同时，国内的沈阳机床也推出了i5系列智能机床，为智能机床的发展贡献了力量。这些成果的取得，标志着智能机床从概念到实际应用的跨越，为智能制造的发展开辟了新的道路。

（三）智能数控加工生产技术的优势

智能数控加工生产技术融合了计算机技术、数学建模和精密机械加工等多种技术手段，为企业实现高效、精准、灵活的生产提供了重要支撑。

1. 提升生产效率

智能数控加工系统采用先进的计算机技术和高精度传感器，实现了高速、高精度的加工过程。相较于传统手工加工或普通数控加工，智能数控加工系统不仅具备更高的加工速度，更为重要的是其拥有更精准的加工精度，这为工业生产带来了显著的效益提升。在相同时间内，其能够完成更多加工任务，且产品尺寸精度更高，这意味着生产效率得到了明显的提高。

智能数控加工系统的多轴联动加工功能也是提升生产效率的重要手段。通过同时加工多个表面或曲线，系统能够在同一时间内完成多项加工任务，有效缩短了生产周期。尤其对于复杂零部件的加工，系统能够通过优化路径规划和加工策略，在保证加工质量的前提下，尽可能减少加工时间，进一步提高了生产效率。这种灵活高效的加工方式，使得生产线能更加紧凑地安排，生产资源得以更加充分地利用。

2. 提升产品质量

智能数控加工系统通过精密的数学建模和实时监测，能够实现对加工过程的精密控制和监控。这意味着加工过程中的各项参数都能够被精确地控制和调整，从而有效避免了加工误差和工艺问题的出现。相较于传统的手工加工方式，智能数控加工系统具备更高的稳定性和一致性，能够确保每一件产品的加工质量和精度都能够达到标准水平。

特别是对于精密零部件的加工而言，智能数控加工系统微米级的加工精度保证了产品尺寸和表面质量的高水平，使得这些产品能够满足各种高要求的应用场景。这种高精度加工的能力不仅提高了产品的整体质量，也为产品在市场上的竞争地位带来了鲜明的优势。

此外，通过对加工过程的实时监控，系统能够及时发现并纠正任何潜在的加工问题，确保产品质量始终处于稳定水平。这种预防性的质量控制手段有效地减少了产品在生产过程中出现质量问题的可能性，为企业节省了后续的成本和资源投入。

3. 提升生产灵活性

传统的数控加工系统通常需要预先编写好加工程序，并且对于不同的产品需要单独编写不同的加工程序，这限制了生产的灵活性和适应性。而智能数控加工系统则可以通过灵活的数控编程和智能化的加工控制，实现对加工过程的实时调整和优化。这意味着企业可以根据客户的需求随时调整加工工艺和加工参数，实现快速的产品切换和定制化生产。此外，智能数控加工系统还可以通过智能识别和自学习功能，不断优化加工过程，提高生产效率和产品质量。例如，一些智能数控加工系统配备了智能识别系统，可以自动识别加工零件的形状和尺寸，根据实时反馈进行加工参数的调整，实现自适应加工，大大提高了生产的灵活性和自适应性。

（四）智能数控加工生产主要技术

1. 智能工艺规划技术

传统的工艺规划系统由基础科学理论层、传统设计方法层和信息技术层构成。

（1）基础科学理论层。基础科学理论层是该系统的根基，它涵盖了系统工程、信息科学、设计原理、自动化科学和思维科学等学科领域的理论支撑。在这一层面上，系统工程提供了整体性的思维框架，帮助理解和优化复杂系统的结构与功能；信息科学则为工艺规划设计提供了数据和信息的理论基础，支持系统的信息管理和处理；设计原理方面的知识则指导着设计过程中的创新和优化，促进工艺规划的有效实施；自动化科学则为工艺规划设计提供了自动化技术的支持和方法论的指导，提高了工艺规划的效率和准确性；思维科学方面的研究则促进了设计者在工艺规划设计中的思维模式和决策过程的优化。

（2）传统设计方法层。传统设计方法层主要包括线性规划和运筹决策等优化设计方法。线性规划是一种数学优化方法，通过建立数学模型和运用线性规划算法，对工艺规划设计中的目标和约束进行优化，以实现最佳的设计结果；而运筹决策则是在复杂的决策环境下，通过建立合适的数学模型和运用运筹学方法，寻找最优的决策方案，从而提高工艺规划设计的效率和质量。

（3）信息技术层。信息技术层是工艺规划设计系统中的关键支撑层，主要由图形处理、网络技术、数据库技术、多媒体技术和计算机语言等组成。图形处理技术为工艺规划设计提供了直观、高效的图形化表达和处理工具，促进了设计过程的可视化和交互化；网络技术则支持着分布式的协同设计和信息共享，实现了多地点、多人员之间的协作工作；数据库技术为工艺规划设计提供了数据的存储、管理和检索功能，支撑着设计过程中的信息管理和知识共享；多媒体技术丰富了工艺规划设计的表达形式，提高了设计效果的展示和传播效率；计算机语言则为工艺规划设计提供了编程和算法实现的基础，支持着系统功能的定制和扩展。

2. 智能伺服驱动技术与智能数控系统技术

（1）智能伺服驱动技术。智能伺服驱动技术作为传动技术的一种具体体现形式，在结构上与传统的伺服系统相似。其主要由伺服控制器和伺服电机组成，构成了基于传统伺服控制技术的智能化应用。智能伺服驱动技术的性能指标涵盖了多个方面，其中包括定位精度、响应时间、线性度、频带宽度和速度范围等。定位精度是指伺服驱动系统在执行位置控制时实际位置与期望位置之间的偏差，是衡量系统精度的重要指标。响应时间则指系统对输入信号变化的反应速度，快速的响应时间可以提高系统的动态性能和稳定性。线性度表示伺服系统在工作范围内输出与输入之间的线性关系程度，线性度高意味着系统输出更加稳定可靠。频带宽度是指伺服系统能够响应的频率范围，较宽的频带宽度意味着系统具有更好的频率响应能力。速度范围则指伺服系统能够覆盖的速度范围，广泛的速度范围有利于满足不同工况下的加工需求。综合考虑这些性能指标，智能伺服驱动技术将在工业自动化领域具有广泛的应用前景，可以提高生产效率，优化生产质量，并推动制造业向智能化、高效化的方向发展。

（2）智能数控系统技术。智能数控系统技术是一种将被加工件的几何信息和加工工艺信息等通过智能化交流处理，并转换为一系列运动和动作指令，最终输送给伺服电动机来完成工件加工的技术。在先进制造技术中，智能数控系统技术扮演着柔性制造自动化技术的重要角色。具备智能数控系统的数控机床具有良好的适应性，能够为通用加工提供高效的自动化加工手段，尤其适用于单件和中小批量常规零件或常规复杂零件的加工。这种技术的发展不仅提高了制造效率，还提升了加工精度和产品质量，对提升制造业的竞争力具有重要意义。随着智能数控系统技术的不断进步和应用，预计其在未来将继续发挥重要作用，为制造业的发展带来新的机遇和挑战。

3. 智能感知、监测和维护技术

智能感知、监测和维护技术是指在数控机床中引入智能感知和远程监测元器件，并通过网络化的数控系统提供整机故障分析、诊断和维护的技术。其典型功能包括机床振动检测及抑制，刀具工作过程监测，系统故障回放、自分析与诊断，自修复等。

（1）机床振动检测及抑制功能可以通过传感器实时监测机床振动情况，并根据预设条件进行振动抑制，以提高加工精度和表面质量。

（2）刀具工作过程监测功能则通过传感器实时监测刀具的工作状态，包括刀具磨损、断刀等情况，以及切削过程中的工艺参数，从而实现对加工过程的实时监控和优化。

（3）系统故障回放、自分析与诊断功能可以记录和分析机床运行中的故障信息，快速定位和诊断故障原因，并提供相应的修复建议。

（4）自修复功能使得系统能够在发生故障时自动进行修复或调整，减少停机时间和人工干预，提高生产效率和稳定性。通过实现这些技术功能，智能感知、监测和维护技术有望为制造业提供更加智能化、高效化的生产解决方案，推动制造业向智能制造转型迈进。

二、增材制造及其应用

"与传统减材制造不同，增材制造可以不依靠材料，不产生废弃物，不受被制造物品复杂的几何形状约束，不需要烦冗的多级工艺处理和各种加工设备，而可以实现极为快速和轻松的制造过程。增材制造的最终目标应当是实现以基本粒子为基本单元来构建任何可以想象的结构。"[1]

（一）增材制造概述

1.增材制造的定义

增材制造是一种采用材料逐渐累加的方法制造实体零件的技术，其过程是基于计算机三维设计模型，通过软件分层离散和数控成型系统的指导，利用激光束、热熔喷嘴等方式将金属粉末、陶瓷粉末、塑料、细胞组织等特殊材料逐层堆积黏结叠加成型，最终形成实体产品。相对于传统的材料去除技术，增材制造技术显著降低了制造的复杂度，极大地增加了制造的自由度，使得设计师能够更灵活地实现复杂结构和定制化产品的制造需求。

增材制造技术迅速发展，涌现出各种不同的名称，如快速制造、快速原型、分层制造技术等。为了方便增材制造技术的推广和公众接受，业界将这类技术统称为"3D打印"。

随着技术的不断进步和应用领域的不断拓展，增材制造技术已经在科学研究、工业生产、生物医疗、文化创意等领域展现出巨大的应用潜力和价值。在工业领域，增材制造技术能够实现快速原型制作、定制化生产和小批量生产，为制造业带来了新的发展机遇。在生物医疗领域，增材制造技术可用于生物组织工程、医疗器械制造等方面，为医疗领域的个性化治疗和器械定制提供了新的可能性。在文化创意领域，增材制造技术可以实现艺术品的个性化定制和复杂结构艺术品的制作，推动了文化创意产业的创新发展。

2.增材制造技术的发展历程

增材制造的思想在古代已经产生，并已得到实际应用，如金字塔、长城等建筑就是基于增材制造原理修建的典型代表。

现代增材制造技术的起源可以追溯到19世纪，当时照相、雕塑技术和地貌成型技术为该领域的发展奠定了基础。20世纪70年代末至80年代初，增材制造技术经历了显著的创新和发展。这一时期，增材制造的概念逐渐从理论走向实践，多项关键技术相继问世，为后续的技术进步和工业化应用奠定了基础。

1986年，光固化技术作为增材制造的重要分支，利用特定波长的光源，对液态光敏

---

[1] 廖伟强.展望"增材制造"[J].山东工业技术，2017（10）：251.

树脂进行逐层固化，从而实现三维物体的快速成型。这一发明推动了增材制造技术的发展。

1988年，熔融沉积成型技术，通过加热熔化塑料丝材，并在计算机控制下逐层沉积，构建出三维实体。这一发明同样对增材制造领域产生了深远影响。

1989年，发明了选择性激光烧结法。这是一种利用激光作为热源，对粉末材料进行选择性烧结，从而实现三维成型的技术。这一发明进一步丰富了增材制造的技术路线，拓展了该技术在不同材料和应用领域的潜力。

1993年，3D打印技术出现。3D打印技术是一种基于数字模型文件，通过逐层打印的方式来构造物体的技术。这一发明将增材制造技术推向了一个新的高度，为个性化制造和复杂结构的快速成型提供了可能。

增材制造技术在工业制造、文化创意和生物医疗等领域的应用价值日益凸显。其经历了从仅能制造设计模型到能够制造各种功能产品的重要变革。这种技术的演进不仅在于其能够制造不同类型的产品，更在于其应用材料的广泛多样性。最初，增材制造技术主要应用于塑料制品的制造，但随着技术的发展，如今已经扩展到金属、生物材料等多种材料的制造领域。这种多样性使得增材制造技术具备了更广泛的应用潜力，能够满足不同行业对于材料特性的需求。

增材制造技术的设备和材料成本也在不断降低，已经达到足以进入普通办公室和家庭使用的程度。这一降低成本的趋势极大地促进了增材制造技术的普及和推广，使得更多人可以利用这一技术进行创意设计和个性化生产。这种技术的普及也进一步推动了其在文化创意领域的应用，为艺术家、设计师等创意从业者提供了全新的制作工具，推动了文化创意产业的繁荣发展。

3. 增材制造技术的显著优势

增材制造技术不像传统制造机器那样通过切割或模具塑造制造物品，而是通过层层堆积形成实体物品的方法从物理的角度扩大数字制造的概念范围。因此，增材制造技术有着传统制造业所无法比拟的诸多优势。

（1）可制造复杂结构。增材制造技术在可制造复杂结构方面具备显著优势。传统制造技术，传统方法受限于生产设备和工艺流程，往往无法满足复杂结构零件的制造需求，需要对复杂结构的零件进行拆分后再进行加工。而增材制造技术则能够一次性完成复杂结构的零件制作，甚至实现一体化成型组装，大大简化了制造流程，提高了制造效率。

通过增材制造技术，设计师可以实现更加复杂、精细的产品结构，包括内部空腔、复杂曲面和异形结构等，而传统制造技术往往无法实现这种复杂度。因此，增材制造技术为制造业带来了更广阔的创新空间，能够满足日益多样化、个性化的产品需求，为行业的发展注入了新的活力。

（2）从数字模型到小批量产品的制造速度快。增材制造技术在从数字模型到制造小批量产品的过程中展现出了明显的速度优势。通过直接读取三维数字模型，增材制造技术能够在极短的时间内直接制造产品模型、样品以及小批量成品。这种快速制造的特性使得企业能迅速响应市场需求，提高生产效率和灵活性。

增材制造技术还具备即时按需打印的能力，可以根据订单需求直接制造出产品，从而减少了企业的实物库存，降低了库存成本。同时，增材制造技术还能够实现按需就近生产，缩短供应链，减少了运输成本和时间，为企业节约了资源和资金。因此，增材制造技术的快速制造特性为企业带来了诸多优势，有助于提升企业的竞争力和市场地位，推动制造业的转型升级。

（3）技能培训时间短。在技能培训方面，增材制造技术表现出培训时间短的特点。相较于增材制造技术，传统加工技术的培训时间往往较长。即便是在自动化程度较高的数控设备上，仍需要经过较长时间的培训，以便熟练掌握加工设计和调整等专业技能。

增材制造设备在操作上具有较高的简易性，它们能够直接从设计文件中获取执行命令，并且所需的操作技能远远少于传统制造过程中的开模、注塑等复杂操作。这种特性使得针对增材制造技术的技能培训时间大幅缩短，从而为企业和员工节省宝贵的时间成本。短时间内掌握增材制造技术的操作技能，有助于提高员工的工作效率和生产能力，促进技术的快速应用和推广。因此，增材制造技术的技能培训时间短这一特点，有利于降低技术转型的门槛，推动制造业向更加高效、智能的方向发展。

（4）制造复杂和个性化产品成本低。增材制造技术在制造复杂和个性化产品方面具备成本低的优势。相较于传统制造技术，增材制造技术在制造形状复杂的物品时，不增加成本，包括材料成本、设备成本以及人力成本。这一优势主要得益于增材制造设备的高柔性和自动化程度。增材制造设备具有高度的柔性，能够灵活适应不同产品的制造需求，同时具备高度自动化的生产能力。单台增材制造设备即可满足多种个性化需求的定制化打印，无须额外的定制化工艺或设备投入，从而降低了制造成本。

增材制造技术的应用还将打破传统的定价模式和供应体系。传统制造模式中，复杂产品的制造往往需要额外的成本支出，而增材制造技术的成本优势使得复杂物品和个性化定制不再增加额外成本，从而改变了传统的定价方式，为市场带来更多的选择和竞争优势。因此，增材制造技术的低成本特性有助于推动制造业向更加灵活、个性化的方向发展，为行业的进步和创新注入了新的活力。

（5）设备携带方便。相对于传统制造机器，增材制造设备具有更强的单位生产空间制造能力。这意味着在相同的空间内，增材制造设备能够实现更高效的生产，这一特性为其在多个领域的应用提供了便利，包括家庭、办公室、远洋船舶、军事补给和航空航天等领域。其在远洋船舶和航空航天领域的应用尤为引人瞩目，因为这些环境对设备的携带性和高效生产能力提出了严苛要求，而增材制造技术能够满足这些需求。

（6）绿色制造。增材制造技术通过减少实物库存、缩短运输链条以及降低废弃物产生量，实现了环境友好型的生产方式。以传统金属取材加工为例，大约有90%的金属原材料在加工过程中被废弃，而增材制造技术制造金属零件时的浪费量大大减少。因此，增材制造技术被认为是一种绿色制造技术，其对环境的友好性将在未来的制造领域中发挥越来越重要的作用。

（二）增材制造技术的分类

增材制造技术目前常见的类型分为：3D打印技术、激光成型技术、熔融沉积成型技术、光敏固化成型技术、选区激光烧结技术、分层实体制造技术和紫外线成型技术等。

1.3D打印技术

3D打印技术是美国麻省理工学院在20世纪90年代发明的一种快速成型技术。3D打印技术是一种基于喷射喷头的三维成型技术。3D打印技术广泛应用于产品概念设计、模型验证、直接金属铸件、多孔陶瓷过滤件、医学工程等不同领域的研究和开发中。

（1）3D打印技术原理和成型过程。3D打印技术的原理主要是墨水喷头向粉末材料层喷射液体黏结剂，使粉末颗粒逐层黏结成型的过程。具体工艺过程包括建模、分层、打印和后处理等步骤。首先，在计算机辅助设计软件中进行几何建模，确保模型具备完整的壁厚和内部描述功能，这为后续工艺提供了基础；其次，通过分层软件对计算机辅助设计模型进行分层处理，得到逐层二维横截面轮廓和扫描路径等关键数据。在成型过程中，在成型区域铺设一层粉末材料，然后喷嘴向粉末层喷射彩色黏结液，使得截面粉末粒子彼此黏在一起；最后，成型活塞下降一个层厚，继续铺设一层粉末，进行下一层截面的黏结。通过反复这一过程，最终可获得一个完整的彩色原型制件。打印结束后，需要将原型件从成型区中取出，进行除粉、烘干处理等后续工艺步骤。

（2）3D打印技术的特点。3D打印技术因其制造工艺简单、柔性度高、材料选择范围广、材料价格便宜以及成型速度快等特点而备受瞩目，特别适用于桌面型的快速成型设备。其优势之一是在黏结剂中添加颜料，从而能够制作彩色原型，这是该技术最具竞争力的特点之一。此外，成型过程无须支撑物，多余粉末的去除相对容易，因此特别适用于制作内腔复杂的原型。同时，3D打印技术的制造成本相对较低，且对环境友好，符合可持续发展的趋势。

2.激光成型技术

激光成型技术是通过掩膜图像实现每次曝光的加工，显著提升了加工效率，相较于传统立体平版印刷技术逐线扫描的方式更具优势。

（1）激光成型技术的原理和成型过程。激光成型技术与立体光固化技术在原理上相似，然而其关键区别在于激光成型技术使用高分辨率的数字光处理器投影仪来固化液态光聚合物，逐层进行光固化处理。激光成型技术的成型过程始于CAD设计三维实体模型，并将其切片分层。数字光处理器投影仪将每一层的图像投影到光敏树脂表面，使投影区域的树脂薄层发生光聚合反应并固化。每次生成一定厚度的零件薄层后，工作台下移一个层厚的距离，随后在已固化的树脂表面再覆盖一层新的液态树脂，重复这一过程，直至得到完整的三维实体模型。

（2）激光成型技术的特点。激光成型技术的显著特点包括成型速度快、设备造价相对低廉。由于每次投影固化一个完整的面，其成型速度明显快于逐线扫描的立体光固化技术。此外，激光成型技术能够成型任意复杂形状，具有高尺寸精度，其在材料属性、细节和表面光洁度方面可媲美注塑成型的耐用塑料部件。激光成型技术主要应用于复杂、高精度的精细工件的快速成型。

3. 熔融沉积成型技术

熔融沉积成型技术是以材料的熔融和沉积为核心原理，通过精确控制材料的熔融状态和沉积路径，实现三维物体的逐层构建。

（1）熔融沉积成型技术原理和成型过程。熔融沉积成型技术的原理在于将丝状的热熔性材料加热至熔化状态，然后根据数字分层模型的要求，逐层涂敷并凝固，从而形成整个实体造型。熔融沉积成型技术的成型过程可分为以下三个主要步骤。

第一步，三维模型的构建和分层，这需要在计算机辅助设计软件中完成。随后，设备读取所需数据，并在计算机控制下将丝状的热熔性材料加热至熔化状态。

第二步，三维喷头根据每个截面的轮廓信息，以选择性的方式将材料涂敷在工作台上，待涂敷的材料快速冷却后便形成了一层截面。

第三步，完成一层成型后，机器工作台下降一个固定高度，以便形成下一层，如此反复，直至整个实体造型完成。熔融沉积成型技术通过这一精细的成型过程，能够实现复杂的三维结构的制造，具有较高的制造精度和可控性。

（2）熔融沉积成型技术特点。熔融沉积成型技术具有以下特点。

第一，适用的材料较多。该技术允许使用各种能够通过喷嘴挤压的原材料进行增材制造，因此不仅可以应用于传统的塑料材料，还可以打印蔗糖、巧克力和生物材料等非常规材料，具有广泛的应用前景。

第二，熔融沉积成型技术的成本相对较低，操作简便，可在办公室环境下进行，为个人和企业提供了便利。

第三，熔融沉积成型技术适用于有空隙的结构，能够有效节约材料和成型时间，提高打印效率。

4. 光敏固化成型技术

光敏固化成型技术是最早实用化的增材制造技术，采用液态光敏树脂原料，用特定波长与强度的激光聚焦到光固化材料表面，层层叠加成型。光敏固化成型技术主要用于制造多种模具、模型等。

（1）光敏固化成型技术原理及成型过程。光敏固化成型技术的原理是光敏材料在紫外光照射下发生固化反应的特性。其成型过程可分为以下三个步骤。

第一步，通过计算机辅助设计软件设计出所需的三维实体模型。

第二步，利用程序将该模型进行切片处理，以便于后续的扫描路径设计。产生的切片数据通过计算机精确控制激光扫描器和升降台的运动。在成型过程中，激光按照零件的各分层截面信息在液态的光敏树脂表面进行逐点扫描，被扫描区域的树脂薄层受到光聚合反应而固化。这一过程将逐层形成整个零件的结构，每次固化完成后，工作台下移一个层厚的高度，在原先固化好的树脂表面再敷上一层新的液态树脂，如此反复进行，直至得到完整的三维实体模型。在完成所有层次的固化后，将原型从树脂中取出，进行最终的固化处理。这一步骤有助于确保整个零件的完全固化和稳定性。

第三步，通过打磨、电镀、喷漆或着色等后续处理工艺，对产品进行表面处理，以满足设计要求和客户需求。

（2）光敏固化成型技术特点。光敏固化成型技术具有以下特点。

第一，光敏固化成型技术成型速度快。得益于高效的光聚合固化过程，光敏固化成型技术能够实现快速成型，提高生产效率。

第二，光敏固化成型技术具有较高的自动化程度。通过计算机精确控制激光扫描器和升降台的运动，实现了成型过程的自动化，减少了人工操作的需求。

第三，光敏固化成型技术能够成型任意复杂形状的零件，且具有较高的尺寸精度和良好的表面质量，因此特别适用于制造形状特别复杂和特别精细的零件。

因此，光敏固化成型技术主要应用于对零件要求复杂度和精度较高的领域，如医疗、航空航天、汽车等，为这些行业提供了高效、精密的零件快速成型解决方案，推动了现代工程技术的发展和进步。

5. 选区激光烧结技术

选区激光烧结技术采用激光器将粉末状材料选择性烧结成固体件的方法成型，可直接得到塑料、陶瓷或者金属产品。

（1）选区激光烧结技术原理和成型过程。选区激光烧结技术的原理是借助高功率激光束的能量，对固体粉末进行有选择性地加热，实现粉末颗粒之间的黏结和烧结，以便逐层堆积形成所需形状的零件。该技术的工艺过程始于 CAD 软件中的三维实体模型设计，其后通过分层软件将模型切割为多层，每层厚度由工艺参数决定，随后转化为二维层面信息进行数据处理，进而确定加工路径和参数，其成型过程可分为以下三个步骤。

第一步，在加工平台上均匀铺设一层粉末材料，然后根据预设的界面轮廓信息，激光束在计算机的精确控制下对实体部分粉末进行烧结。此时，焊接热源的能量使得粉末颗粒之间发生烧结反应，形成固体连接，完成当前层的成型。

第二步，再次铺设一层新的粉末，重复上述操作，直至零件的每一层均得到烧结，同时确保相邻层间的连接牢固，以保证整体结构的完整性。未被激光烧结的粉末在成型过程中充当支撑物的角色，保证了成型件的稳固性。

第三步，完成所有层次的烧结后，未烧结的粉末被回收到粉末缸中，而成型件则被取出，并经过后续处理工序以满足最终使用要求。

（2）选区激光烧结技术特点。选区激光烧结技术具有以下特点。

第一，选区激光烧结技术具备高度的柔性度，能够适应各种形状、尺寸和复杂度的零件制造，使其在产品设计和制造过程中具有显著的灵活性。

第二，选区激光烧结的材料选择范围广泛，不仅包括金属、塑料等常见材料，还涵盖了陶瓷等其他类型的粉末材料，为不同领域的应用提供了多样化的选择。

第三，选区激光烧结技术所需的原材料价格相对较低，而且材料利用率高，未烧结的粉末可以被回收再利用，有效地降低了制造成本，提高了资源利用效率。

6. 分层实体制造技术

由于分层实体制造技术可以使用纸材，成本低廉，制件精度高，因此，在产品概念设计可视化、造型设计评估、装配检验、熔模铸造型芯、砂型铸造母模、快速制模母模以及直接制模等方面得到了广泛应用。

（1）分层实体制造技术原理和成型过程。分层实体制造技术的原理是，根据零件分层几何信息切割箔材和纸等，将所获得的层片黏结成三维实体。分层实体制造工艺过程是根据三维模型获得每个截面的轮廓线，在计算机控制下，使激光切割头作 X 和 Y 方向的移动。供料机构将地面涂有热熔胶的箔材（如涂覆纸、涂覆陶瓷箔、金属箔、塑料箔材）送至工作台的上方。激光切割系统用激光束对箔材沿轮廓线将工作台上的纸割出轮廓线，并将纸的无轮廓区切割成小碎片。然后，由热压机构将一层层纸压紧并黏合在一起。可升降工作台支撑正在成型的工件，并在每层成型之后，降低一个纸厚的高度，以便送进、黏合和切割新一层纸。最后形成三维原型零件。

（2）分层实体制造技术特点。分层实体制造技术以其独特的技术特点在快速成型领域占据一席之地。由于分层实体制造技术仅需利用激光束沿物体轮廓进行切割，而无须扫描整个截面，因此成型速度极快，这使其尤为适合加工内部结构简单的大型零件。该技术能够实现高精度原型制造，成品翘曲变形小，且具备优异的耐高温性能，能够承受高达 200℃的温度。此外，分层实体制造制备的原型具有较高的硬度和良好的力学性能。

在操作过程中，分层实体制造技术不需要设计和制作支撑结构，简化了制造流程。成型后，原型材料的废料容易剥离，不需后续固化处理，进一步提高了生产效率和便捷性。该技术还支持对原型进行切削加工，使其在细节调整上具有一定的灵活性。更重要的是，分层实体制造技术能够制作尺寸较大的原型，且原材料价格相对低廉，从而显著降低了原型制作成本。

7. 紫外线成型技术

紫外线成型技术，也称紫外线照射液态光敏树脂成型技术，是目前增材制造中精度最高的一种成型技术。

（1）紫外线成型技术的原理和成型过程。紫外线成型技术与立体光固化技术在工作原理上具有相似之处，然而其独特之处在于使用喷头喷射液态材料，随后，通过紫外线进行照射固化，从而完成成型过程。在成型过程中，液态光聚合物首先被喷射到托盘上，接着通过紫外线进行固化。这个过程以逐层构建的方式进行，直至创建完整的三维模型。紫外线成型的优势之一是可以处理并立即使用完全固化的模型，无须额外的后续固化处理。3D打印机在工作时，还会将专门设计的凝胶类支撑材料与模型材料一起喷射，以支撑悬垂和复杂的几何图形，这些支撑材料可以轻松地手工或用水去除。

（2）紫外线成型技术的特点。紫外线成型技术以其速度快、精度高以及广泛的材料适应性著称。紫外线成型技术在同一打印任务中可以将不同3D打印材料融入同一3D打印模型。这项技术基于光敏树脂的聚合反应，其特点包括高精度和优良的表面质量，能够制造形状复杂且精细的零件。因此，在生物、医药、微电子等领域，紫外线成型技术展现出其巨大的应用价值。

（三）增材制造的主要技术和发展趋势

增材制造有广阔的发展前景，目前，其关键技术和发展趋势主要集中在制造精度、制造效率和应用领域三个方面。

1. 制造精度

增材制造的精度由材料增加的层厚、增材单元的尺寸和精度控制共同决定。材料增加的层厚直接影响零件在累加方向上的精度，而增材单元的控制则决定了最小特征的制造能力。在现有的增材制造技术中，选区激光烧结技术、立体平版印刷技术和紫外线成型技术表现出较高的制造精度。这三类技术分别利用激光束、电子束或紫外光束在材料上逐点形成增材单元，通过精确的控制实现材料的累加制造。因此，控制光束或电子束的光斑直径，以及协调成型工艺与材料性能，是提高制造精度的关键。

随着激光、电子束及投影技术的不断进步，增材制造技术正朝着两个主要方向发展。主流的发展趋势是控制激光、紫外光束或电子束的光斑直径，使其更加细小，从而实现逐点扫描，使增材单元达到微纳米级，提高制件精度。然而，随着光斑的细小化，扫描路径相应变长，成型时间也会增加。另一种发展方向是通过阵列化投影技术，将扫描过程转换为阵列投射，通过提高投影单元的分辨率和发光强度，实现高精度和高效率的制造。

在技术发展的推动下，精细化控制光斑直径和阵列化投影技术相结合，能够显著提升增材制造的精度和效率。这种结合不仅能满足对微小特征和复杂几何形状的制造需求，还能在保持高精度的同时，提高生产速度，从而在工业、医疗等高精度制造领域展现出广阔的应用前景。

2. 制造效率

由于增材制造技术需逐层构建，因此在制造大尺寸零件时，其效率相较于传统制造技术较低。制造效率与精度之间存在互相制约的关系，因此，在确保精度和质量的前提下提升制造速度和效率，是增材制造技术发展的关键。为提升增材制造技术的效率，当前主要有以下两种技术发展方向。

（1）同步制造。即在同一制造平面上实现多个位点的同步制造。例如，多激光束同步制造技术，通过采用4~6个激光源同时进行加工，显著提高了制造效率。这种方法通过并行处理减少了单一激光束逐点扫描所需的时间，从而大幅提升了整体制造速度。

（2）增材制造与去材制造的复合制造技术。此技术结合了增材制造和去材制造的优势，利用增材制造进行复杂几何形状的构建，而后通过去材制造进行精细加工和表面处理，以提高整体制造效率和质量。复合制造技术不仅能弥补单一制造方法的不足，还能优化工艺流程，实现更高效的生产。

3. 应用领域

增材制造技术的推广与革新，关键在于其面向应用领域的研发。传统制造技术经过百年的发展，已经在理论、技术和工艺上建立了完善的应用体系，形成了稳定的设计和制造惯性。相较之下，增材制造技术虽有其独特优势，但也存在一些劣势，需要在特定领域进行应用适配。为了实现快速发展，增材制造技术必须围绕应用进行深入研发，构建同样系统完备的制造体系。

增材制造技术的应用研发主要有两类发展方向：第一类是填补传统制造技术的应用空白，重点研究传统制造技术无法或不适合制造的领域，利用增材制造技术来生产这些产品。通过这一途径，增材制造技术可以在传统制造技术的不足之处展现其独特优势，解决传统工艺难以实现的问题。第二类是增材制造技术在部分应用领域中逐步替代传统制造技术。这不仅需要增材制造技术本身的进一步发展和完善，还需要重新构建适合其特点的设计理念和应用体系。这包括优化设计流程、适配增材制造的独特性能和工艺要求，从而在特定领域中实现高效替代。

（四）增材制造技术的应用领域

1. 工业领域

增材制造技术在汽车、航空航天、军事等工业领域有广泛的应用价值，可以提高效率、降低成本。目前，增材制造技术在工业领域主要用于设计模型的快速制造、小批量产品的制造和复杂结构产品的制造。

（1）机械制造。增材制造技术在机械领域的应用比较广泛。可以制造用于验证设计的机械零部件，加快开发速度。其应用包括用于验证设计的机械零部件，这在家电开发过程中尤为显著。通过增材制造技术，零部件样品的快速制作得以实现，从而加快了整个开发进程。

增材制造技术在小批量机械部件的生产中也表现出色。传统制造技术在应对小批量生产时往往面临成本高、效率低的问题，而增材制造技术则能以较低成本和较高效率生产出高质量的机械部件。这对于定制化生产和快速响应市场需求具有重要意义。

在维修领域，增材制造技术同样展现出巨大的潜力。其能够快速生产用于维修的零件，使得维修过程更加高效、灵活。特别是在需要更换的零件较为复杂或不易获取的情况下，增材制造技术提供了一种便捷且可靠的解决方案。

增材制造技术还可以生产具有相互运动机构或部件的零件，如轴承、啮合齿轮等。这类零件的制造不仅要求高精度，还需要满足严格的力学性能要求。通过精密的增材制造工艺，这些复杂零件可以一体成型，减少了传统加工中的组装步骤，提高了零件的整体性能和可靠性。

（2）航空工业。航空工业因其产品附加值高，成为各类新技术应用和推广的重点领域。在军用飞机制造方面，某集团在组装某型飞机的过程中，广泛使用了增材制造技术生产的零部件。该技术不仅提高了零部件的制造精度和一致性，还缩短了制造周期，提高了生产效率。

在民用航空领域，某知名航空制造公司已经通过增材制造技术制造了数千个部件。这些部件包括用于设计打样的零件，加快了新型号飞机的开发速度，也有直接应用于商用飞机的零件。通过增材制造技术，复杂零件的生产变得更加简便快捷，有效提高了生产的灵活性和适应性。

增材制造技术显著提升了零部件的定制化能力。航空公司可以根据具体需求快速生产定制零配件，从而降低零配件的储量，节约库存空间和资金。这不仅减少了库存成本，还提高了供应链管理的效率，优化了资源配置。

增材制造技术在航空工业中的应用，展现了其在高附加值领域的巨大潜力和广泛前景。通过这项技术，航空制造不仅能提高生产效率和产品质量，而且能实现更加灵活的生产方式，满足不断变化的市场需求，推动航空工业的持续创新和发展。

（3）汽车工业。汽车工业逐渐采用增材制造技术，展现出其在成本控制和效率提升方面的巨大潜力。在新车型的设计过程中，增材制造技术被用于优化设计流程，其显著降低了设计成本，并缩短了开发周期。此外，汽车生产线上的装配工具也逐步实现了增材制造。

增材制造技术在汽车零部件定制方面的应用同样引人注目。通过这种技术，汽车制造业企业可以根据具体需求生产定制零部件，从而有效减少库存。这种方式不仅提高了生产的灵活性和响应速度，还显著降低了因零部件过剩或短缺带来的经济损失。整体而言，增材制造技术在汽车工业中的应用，不仅推动了生产效率的提升，还为未来的创新设计和制造方法提供了新的可能性。

2.文化领域

增材制造技术在文化创意领域应用价值巨大，既可以进行个性化艺术品定制，也可以进行现代艺术品制造，还可以进行古代艺术的再现。

（1）艺术设计。各类艺术设计师通过增材制造技术将设计图转化为实体作品，从而更有效地验证和展示其创意成果。特别是在建筑设计和玩具设计领域，增材制造技术已被广泛采用，成为制作建筑和玩具模型的首选工具之一。这种技术所带来的快速、低成本、高质量的模型制作，为设计师们提供了便利，使得他们能够以更具体、更直观的方式呈现其设计理念。

通过增材制造技术，艺术设计师们能够将设计概念迅速转化为实体作品，而无须受限于传统制作方法所带来的时间和成本压力。建筑设计师可以利用增材制造技术打印出精确的建筑模型，从而在项目初期就能够更好地展示其设计方案，为客户提供直观的感受。对于玩具设计师而言，增材制造技术的应用则使得他们能够更灵活地实现各种想法，并通过制作精美的模型来验证其设计的可行性。

除了提供快速验证和展示的功能外，增材制造技术还为艺术设计师们带来了更广阔的创作空间。传统制作方法可能受到材料和工艺的限制，而增材制造技术则能够实现更复杂、更具创意的设计，从而激发设计师们的创作灵感。设计师们可以通过这种技术实现更细致的设计，创造出更具表现力和独特性的作品，从而提升其在艺术设计领域的竞争力。

（2）艺术品的复制和制造。增材制造技术在艺术品的复制和制造方面展现出以下优势。

第一，在小批量艺术作品的精细度方面，增材制造技术能够实现更高水平的精细度和复杂度，使得艺术品的复制更加真实、精准。通过精确的三维打印技术，艺术品的细微细节和纹理可以得到高度还原，从而呈现出更加逼真的效果，为艺术品的复制提供了可靠的技术支持。

第二，在制造效率方面，相比传统的手工制作或传统的制造方法，增材制造技术能够实现更简短的生产周期和更高效的生产流程。通过数字化设计和自动化生产，艺术品的复制和制造周期可以大大缩短，从而提高了生产效率，减少了人力和时间成本，为艺术品的大规模生产提供了便利条件。

第三，在方便性方面，传统的制造方法可能需要复杂的工艺流程和多道工序，而增材制造技术则能够实现一体化的制造过程，简化了生产流程，减少了制造的中间环节，使得艺术品的复制和制造更加便捷和高效。

（3）文化创意跨界整合。增材制造技术在文化创意产业中的应用不仅为艺术家们带来了更为广阔的创作空间，也为跨界整合和创新提供了丰富的机会。

第一，增材制造技术为动漫和玩具产业的跨界整合提供了便利条件。传统上，将动漫中的角色转化为实体玩具需要经历烦琐的手工制作和复杂的模具制造过程，而增材制造技术能够以数字化的方式直接将动漫形象转化为实体模型，从而大大简化了制作流程，降低了制作成本，为动漫和玩具产业之间的合作与整合提供了更为高效和便捷的途径。

第二，增材制造技术为摄影和雕塑领域的跨界整合带来了新的可能性。艺术家们可以利用增材制造技术将摄影作品快速转化为精美的雕塑，使得平面艺术品得以立体化呈现，为艺术创作增添了更多的表现手段和可能性。这种跨界整合不仅丰富了艺术形式，也为摄影和雕塑等领域的艺术家带来了新的创作灵感和挑战。

第三，增材制造技术为食品与文化创意产业的跨界整合提供了创新的空间。通过增材制造技术，巧克力和糖果等食品可以被制作成各种个性化的造型，使得食品本身也成了艺术品的一种表现形式，从而丰富了食品文化的内涵和形式，推动了食品产业与文化创意产业的深度融合和合作。

3. 生物医学领域

生物医学领域的产品附加值高，是各类新技术应用推广的重点。生物医学领域的市场规模巨大，而每个人的身体构造和病理状况均存在差异，增材制造在生物医学领域主要有以下几方面的应用价值。

（1）手术辅助。通过增材制造技术，医生们可以利用患者术前三维影像学资料，直接、精确地打印出手术区域的解剖结构，为复杂手术的术前设计和手术操作练习提供了有力的支持。相较于传统的三维数字模型，增材制造技术所制作的实物模型更加直观，为医生们提供了更真实、更具体的手术操作环境。

通过增材制造技术制作的实物模型，医生们可以在术前进行更准确的诊断和评估，制订更详细、更有效的手术方案。实物模型能够直观地展示患者的解剖结构，帮助医生们更全面地了解患者的病情和病变情况，减少了术中可能出现的意外情况，提高了手术的安全性和成功率。此外，医生们还可以通过在实物模型上进行操作和模拟手术，预测手术效果，优化手术方案，进一步缩短手术时间，减轻患者的手术风险，提高手术的整体效率和质量。

（2）个性化医疗器械。个性化医疗器械是当前医疗领域的一个重要发展方向，其在满足患者个体化治疗需求方面具有显著优势。传统的标准形制医疗器械虽然在一定程度上能够满足临床需求，但由于患者的体型和疾病情况各不相同，往往难以实现最佳治疗效果。增材制造技术的应用为解决这一问题提供了有效途径，其能够根据患者的具体情况定制个性化的医疗器械,从而达到更精准、更有效的诊断和治疗效果。

增材制造技术能够制作与患者骨骼结构相似的植入物,通过宏观结构的精确匹配以及微观层次的多孔结构设计,使得人造骨骼植入物能够更好地适应患者的骨缺损部位,提高了植入物与周围组织的结合力和稳定性。此外,多层次微孔结构还有利于骨骼生成和生长,促进骨骼的再生和修复,从而加速患者的康复过程。

个性化医疗器械的定制化设计不仅能够满足患者特定的临床需求,还能够有效降低手术风险,提高手术成功率。通过增材制造技术,医生们可以根据患者的具体情况制定更为精准和个性化的治疗方案,减少术中的不确定因素,提高手术的安全性和有效性。因此,增材制造技术在个性化医疗器械的制造方面具有重要意义,为提升医疗治疗水平、提高患者生活质量提供了可行的技术支持和解决方案。

(3)组织器官的制造。器官的制造一直是医学领域的一个重要挑战,传统的制造技术由于其受限于工艺和材料的特性,往往无法满足器官结构复杂性的要求。然而,增材制造技术的出现为克服这一难题提供了全新的可能性。从理论上来看,增材制造技术具有制造任意复杂结构的潜力,这为在体外制造人工组织器官提供了技术上的可能性。

通过增材制造技术,可以将数字化的器官结构设计直接转化为实体物体,而无须复杂的制造模具或工艺流程。这种制造方法不仅能够实现器官结构的高度精确复制,还能够灵活调整器官的形态和结构,以适应不同患者的需求。因此,增材制造技术为实现个性化、定制化的人工组织器官提供了有力支持。

未来,随着增材制造技术的不断发展和完善,人工组织器官的制造将迎来新的突破和进展。通过结合生物材料、细胞培养技术等多种技术手段,增材制造技术能够实现结构更复杂、功能更完善的人工组织器官的制造,为医学科研和临床治疗带来革命性的变革。因此,可以预见,增材制造技术将成为未来组织器的制造领域的重要应用方向,为解决医学上的重大挑战和促进人类健康事业的发展做出积极贡献。

第四节 智能加工过程的质量监控与智能检测

一、智能加工过程的质量监控

(一)智能加工过程的机器视觉检测

1. 机器视觉检测系统的构建

机器视觉检测系统的构建是基于标准化的部件,其中包括个人计算机平台、网络连接、备份和存储技术。在个人计算机平台上运行着功能强大的图形用户界面环境,其与图像处理加速器的结合使得机器视觉环境不仅强大而且用户友好。这种整合形成了机器视觉的核心技术基础。

机器视觉检测系统的开发过程涉及将软件和硬件工具有机地融合成一个完整的应用程序，这一过程建立在各种软件和硬件厂商提供的组件上。传统的编程环境，也支持将软件组件嵌入统一的系统中。随着新型硬件传感器、采集卡以及计算机的广泛应用，机器视觉检测系统能够实时开发出具有高复杂度的算法。新型传感器提供了更高的动态范围，相较于传统的电荷耦合器，在光线不足的环境下，也能实现更可靠、灵活和快速的图像采集。同时，大多数图像处理软件支持友好的用户界面和强大的软件库，以执行流行的图像处理和分析算法，实现了可视化编程与传统编程的融合。可视化编程有助于推动原型系统的开发，并使最终的应用程序能够采用标准的编程方法和语言来实现。

在机器视觉检测的硬件系统中，主要采用商业产品而非定制开发，这一做法降低了开发新产品的工作量和风险，并且能够直接应用新型硬件。当需要更高性能时，可以利用专门的信号处理器。图像通常由放置在加工现场的一个或多个工业相机获取，这些相机通常固定在位置上，且需要适当的光照条件以获得所需质量的图像。计算机则主要用于处理获取的图像，通过图像处理、分析和分类软件实现相关功能。

2. 机器视觉检测系统的特点

机器视觉检测的软件系统是至关重要的，其具备以下特点。

（1）多流程级别的支持。机器视觉检测软件必须具备处理低级别、中级别和高级别检测任务的能力。低级别任务包括诸如滤波和阈值处理等基础图像处理操作，中级别任务涉及分割和特征计算等更复杂的操作，高级别任务则涉及物体识别、图像分类等高级视觉任务。这种多级别的支持确保了软件系统在不同应用场景下的适用性和灵活性，能够满足各种复杂检测任务的需求。

（2）操作简便。机器视觉检测软件系统操作简便的特点，包括采用图形化用户界面、可视化编程和代码生成等方式，使得用户可以通过简单的操作完成复杂的图像处理任务。此外，图像处理功能应当按类型和范围进行分类，以便非专业人员也能够轻松选择相应功能，从而降低了使用门槛，提高了软件系统的易用性和普适性。

（3）动态范围和帧速率支持。在新型传感器技术的支持下，机器视觉检测软件系统需要具备对动态范围和帧速率的支持。新型传感器和互补金属氧化物半导体提供了更高的动态范围和更快的图像采集速率，软件系统必须适应这些变化，支持高动态范围的图像处理，并确保在变帧率情况下的稳定性和高效性。

（4）可扩展性。机器视觉检测的软件系统必须具备灵活的架构，能够方便地替换旧算法、适配新需求，而无须进行额外的编程工作。这种可扩展性确保了软件系统在不断变化的应用环境下的持续有效性和适用性，为用户提供了更好的用户体验和更高的工作效率。

（5）专用硬件支持。机器视觉检测软件系统需要具备专用硬件支持。当处理过程呈现高度时间约束或计算密集的特点时，如处理速度超出主处理器的处理能力时，软件系统必须能够适配专用硬件，以提升处理速度和效率。这种专用硬件支持能够有效缓解计算密集型应用中的性能瓶颈，保障了软件系统在高负载情况下的稳定性和可靠性。

3. 机器视觉检测的方法与步骤

（1）检测方法。机器视觉检测根据所采用的算法可以分为三类：参考基准检测方法、非参考基准检测方法和混合检测方法。

第一，参考基准检测方法依赖一个预先建立的参考标准模型。该模型通常源自原始设计文档，其主要功能是提供待检查对象的理想状态。在检测过程中，待检查对象被扫描并与标准模型进行对比，从而识别出可能存在的缺陷。此外，参考基准检测方法对于照明条件的要求也十分严格，任何光线或影子的变化都可能影响到检测结果的准确性。

第二，非参考基准检测方法则不依赖于任何参考模型，通常被称为设计规则检测方法。该方法通过使用设计规则标准来检测扫描对象的特征，而无须参考理想状态。相对于参考基准检测方法，非参考基准检测方法能够避免存储大量图像时的对准问题。

第三，混合检测方法则尝试融合参考基准检测方法和非参考基准检测方法的优势，以期达到更全面、准确的检测效果。然而，其缺点在于使用过程较为复杂，需要综合考虑多种因素，并进行复杂的算法设计和优化。因此，在实际应用中，需要权衡各种因素，选择最适合特定场景的检测方法。

（2）检测步骤。在机器视觉领域，检测步骤的规划和实施对于评估加工过程中的关键属性至关重要。这些属性包括灵活度、效率、速度、成本、可靠性和耐用性等方面。为了准确地检测这些属性，必须清晰地界定检测所需的输出和输入。

第一，图像采集是检测步骤的首要环节。通过工业相机获取的图像是检测过程的原始输入，其中包含了所需的信息，并以数字化形式表达和存储。然而，由于采集过程可能会引入背景噪声和不需要的信息，因此在进入下一步之前，图像需要经过预处理。图像处理阶段的主要目标是去除背景噪声和不需要的信息，从而提高图像的质量。此外，图像复原技术也可用于校正由采集系统引入的几何变形。

第二，在图像处理完成后，接下来是特征提取阶段。这一步骤旨在识别图像中的模式或特征，如大小、位置、轮廓、区域填充信息等。特征提取的关键在于兼顾不重叠或不相关的特征，以实现更好的分类效果。这些特征可以通过统计方法或其他计算技术（如神经网络或模糊系统）进行分析，并用于描述图像。

第三，分析决策阶段将特征变量组合成新的特征变量组。虽然初始特征数量可能很大，但通过降低特征空间的维度，可以减小特征数量。决策的目标是通过降低特征空间的维度，使得减小后的特征集更接近最终的决策。在实际应用中，最终的特征识别、特征种类和计算值取决于系统的具体应用。例如，在加工过程的视觉检测中，系统可以通过将待检测量与已知图像模板进行比对，来确定加工的零件是否符合特定质量标准。这种决策过程可能涉及阈值定义、统计分析或分类处理等方法的应用。

4.微型钻头磨损状态下的机器视觉检测

（1）微型钻头。微型钻头作为一种重要刀具，在电路板制造行业中的应用尤为突出。准确地对微型钻头的状态进行检测已经成为电路板加工过程中质量控制的重要环节。

在电路板加工中，孔的加工主要有机械钻孔和激光钻孔两种基本方式。尽管激光钻孔具有高效率和适用于不通孔加工等优点，但机械钻孔仍然是最有效的通孔加工方法。机械钻孔相对于激光钻孔更为稳定，热变形小，并且能在很大程度上减少后续的整理工作。因此，微型钻头作为机械钻孔中的关键刀具，在电路板制造过程中得到了广泛应用。

随着印制电路板的高密度电路需求不断增加，微型钻头的直径规格也日益减小，这给钻头状态的检测带来了巨大挑战。传统的人工视觉已经无法满足对直径仅有十分之一甚至百分之一毫米的微型钻头进行准确检测的要求。因此，机器视觉检测成为一种解决方案，以其高效、准确、低成本等优势逐渐取代传统的人工检测方法。

机器视觉检测利用人工智能和图像处理技术，能够自动识别和控制加工过程，大大提高了检测的效率。与传统的人工视觉检测相比，机器视觉检测不受疲劳和注意力下降等因素的影响，能够保持一致的行为，从而提高了检测结果的可靠性。此外，机器视觉检测还能够避免人为错误，进一步提高检测的准确性和可靠性。

（2）刀具磨损。切削刀具在工作过程中面临着极端严峻的摩擦环境，即刀具与工件之间的金属与金属接触，处于高温高应力的条件下进行，由此带来了极端压力和温度梯度。在这种恶劣的加工环境中，切削刀具不仅需要移除材料以达到所需的形状、尺寸和表面粗糙度，也面临着不可避免的磨损，最终导致刀具故障的风险。

微型钻头的后刀面磨损反映了磨损切削刃与其初始切削刃的变化，因此，通过监测后刀面磨损可以有效地表征微型钻头的磨损状态。后刀面磨损的检测方法通常包括检测刀具本身或跟踪刀具和加工部分的尺寸变化。当微型钻头开始磨损时，切削力会增大，导致钻头温度的升高，加速与磨损相关的物理反应和化学反应的发生，进而迅速恶化钻头质量。在电路板加工中，一旦微型钻头受损，将严重影响加工孔的表面粗糙度质量和尺寸精度，同时会直接降低零件的几何形状精度，导致切削力的显著下降。

因此，及时检测和替换磨损严重的微型钻头至关重要，以确保加工质量和效率。对刀具磨损状态的有效监测不仅有助于预防刀具故障，提高加工质量，还能有效降低生产成本和减少生产停机时间，因此，针对微型钻头磨损的监测与维护工作具有重要的意义和价值。

（3）图像获取。微型钻头磨损检测是通过图像获取和处理来实现的，其主要包括图像采集、切削端面分割和磨损测量三个步骤。

第一步，图像采集是整个检测流程的基础，通过自动光学检测系统完成。该系统由个人计算机和光学传感器组成，其中，摄像头带有 LED 光源，从微型钻头的正面拍摄图像。随后，图像被转换成 8 位灰阶格式，并存储在计算机中。每个数字图像由 680 个像素组成，其亮度值范围为 0 ~ 255，这一步骤的主要目的是获取微型钻头的图像信息，为后续的处理和分析提供基础数据。

第二步，在图像采集完成后，接下来是切削端面分割。在这一步骤中，通过图像处理技术将微型钻头图像中的后刀面与周围环境进行分离，并利用图像配准技术对齐。这一步骤的关键在于准确地提取出后刀面的区域，以便后续的特征提取和磨损测量。

第三步，在磨损测量阶段。通过提取后刀面的长度、宽度、终止区域，来确定微型钻头的磨损阶段。这些特征的提取依赖于图像处理和分析技术，通常通过计算机算法来实现。磨损测量的准确性和精度直接影响着微型钻头磨损状态的判定，因此，对于图像处理算法的选择和优化至关重要。

（4）阶段识别。微型钻头的阶段识别是通过机器视觉检测来实现的，这一过程涉及特征提取和阶段鉴定两个主要步骤。

第一步，特征提取是阶段识别的基础，其目的是从微型钻头的图像中提取出可用于区分不同阶段的特征。对于微型钻头，由于不存在预定义的特征标准，因此采用了微型钻头相位模式识别方法。这种方法首先采集了一组微型钻头在不同阶段的图像作为训练样本，然后提取了这些训练样本的统计信息，并将其用于新检测图像的分类。在特征提取过程中，选择了后刀面的长度、宽度和终止区域作为表征微型钻头阶段的三个主要特征。长度和宽度是通过对后刀面进行垂直方向的图像投影来确定的，而终止区域则是通过对后刀面进行线扫描和面积计算来获取的。

第二步，阶段鉴定需要五个步骤来完成：①需要收集一套不同阶段的相同直径的微型钻头样本，并在相同的分辨率和照明条件下获取它们的图像。②对所有微型钻头的图像进行后刀面分割，并将其用作训练集。③对训练样本进行标记，并构造微型钻头统计形状模型，以获得变换矩阵和所有训练样本的模型参数。④利用形状模型构造训练样本参数的形状子空间进行分类学习。对于待测试的微型钻头，执行相同的图像获取和后刀面分割步骤，并提取其形状并投影到形状子空间以获得模型参数。⑤将待测试微型钻头分配到最接近的阶段，完成阶段识别过程。

（二）智能加工过程的热特性检测与辨识

1. 智能加工过程的热特性检测

智能加工过程的热特性检测在数控机床领域具有重要意义，而机床热特性的准确测量离不开精密的仪器和合适的检验工具。其中，用于测量的仪器主要包括红外热像仪、激光干涉仪、微位移传感器和热电偶等，这些仪器能够获取机床各部件的温升、热变形、温度场变化等数据。为了保证测量的准确性和可靠性，必须配备具有合适测量范围、分辨率、热稳定性和精度的位移测量系统和温度传感器，同时还需要数据采集装置和高品质的检验棒、夹具等检验工具。

在进行温度测点布置时，考虑到数控机床的热源复杂性和成本等因素，布置传感器的要求显得尤为重要。布置传感器有以下四点要求。

（1）传感器的数量要尽可能少，以降低成本。

（2）所布置的传感器必须能够准确反映机床总体热特性的变化，并且各个传感器测得的温度数据要尽可能独立，减小相互之间的耦合度。

（3）为了提高后续热变形计算的准确性，传感器测得的位置温度应该对热变形比较敏感，从而降低测量误差对热变形的影响。

（4）为了优选测点布置，可以采用数控机床热特性数值模拟分析方法，通过计算待考察的测点之间的温度相关性系数和热敏感度，从而确定最佳的布点位置。通过这种方法，可以有效地选择出热敏感度较高、能够准确反映机床热特性变化的测点位置，为后续的温度场监控提供可靠的数据支持。

2. 智能加工过程的热特性快速辨识

智能加工过程中，机床主轴的热特性对加工质量和效率具有重要影响。为了快速准确地辨识机床主轴的热特性，有一种方法被提出，即机床主轴热特性快速辨识方法。这种方法通过对主轴上各温度测量点上的温度数据进行处理，从而获取关键点的温升曲线，实现热特性的快速辨识。机床主轴热特性快速辨识方法包括以下四个步骤。

（1）需要进行温度数据的采集，以获取主轴上各个测量点的温度信息。这些温度测量点通常分布在主轴的不同位置，可以全面地反映主轴的热特性。

（2）对采集到的温度数据进行处理，以获取关键点的温升曲线。这一步骤涉及数据的整合、滤波和分析，以确保获取的温升曲线具有准确性和可靠性。

（3）通过对温升曲线进行分析和提取，确定主轴的热特性参数。这些参数可以包括热传导系数、热容量等，用于描述主轴在加工过程中的热特性。

（4）利用确定的热特性参数，可以对机床主轴的热特性进行快速辨识。这使得操作人员可以及时了解主轴的工作状态，采取相应的措施，以确保加工过程的稳定性和质量。

二、智能加工过程的智能检测

（一）可见光成像形状特征的零件表面缺陷检测

1. 缺陷区域的分割技术

图像分割在图像分析与理解中扮演着关键的角色，而获取清晰准确的边界轮廓对于识别和理解图像中的目标至关重要。常用的彩色图像分割方法包括统计模式识别、种子区域生长、分水岭标记分割、边缘检测和聚类法等。由于每种方法都有其优缺点，因此融合各种图像分割算法成为一种研究思路上的较佳选择。

受话器的内部结构虽然简单，但其颜色特征分布却十分复杂，直接采用阈值分割、聚类分析等方法难以有效提取出受话器内部的缺陷区域。通过受话器的加工工艺流程可知，其内部缺陷主要由音圈胶合、引线点焊工艺流程引入。对于单一图像，可以通过区域生长的方法将缺陷区域标记出来，然后分析区域的H、S、V分量直方图，以获取分类依据与阈值中心，最终实现图像在线区域分割。

在获得缺陷区域之后，需要对噪声和明显的背景元素进行提取。通过面积阈值的方式，可以去除一些噪声小块，从而减少区域的数量，使得目标更加突出，便于后续的分析工作。然而，在利用面积阈值进行分割后，虽然可以观察到相差较明显的连通区域，但与目标区域相似的连通区域并没有被有效消除。为了更准确地提取目标缺陷，需要进一步利用图像中潜在的信息，以改进和优化分割的结果。

2. 块状和线形缺陷区域的特征提取与选择

图像分割为不同区域的像素集合后，进行缺陷识别需要提取必要的信息，缺陷检测的一个主要工作就是选取有效的描述方法从图像中获取对象特征的定量信息，即特征抽取。而图像特征，是指输入的原始图像经底层处理后得到的边缘、曲线或区域。如何把这些特征转换为通常意义下的几何形状的描述，即用结构化数据或数学上的方程函数来表示是其主要内容。针对分割出来的图像进行形态学处理不光滑表面，充实内部孔洞。接着根据所需检测的缺陷种类，分析现有的特征描述方法，利用基于拓扑描述子和标记圆形的缺陷目标区域特征提取方法获取音圈涂层的区域特征。利用基于区域描述子的缺陷特征描述方法来提取音圈引线和缺口铜丝的区域特征；该方法能有效获取缺陷特征，便于后续的模式识别分析。

（1）块状缺陷特征提取与选择。对于受话器内部的块状缺陷，如音圈涂层过宽或过窄等情况，这些缺陷严重影响着受话器的质量和使用性能，因此需要对涂层进行精确的检测。传统的检测方法通常涉及获取涂层的质心，并尝试通过拟合圆的方式来判断涂层是否超出规定范围。然而，这种方法效率较低，因为不同形状的涂层会导致较大的误差，从而可能产生错误的判断。一种更为有效和准确的方法是通过检测涂层的边界轮廓和质心，并计算它们之间的欧拉距离，从而将边界描述从二维转变成一维，以提高检测的效率和准确度。

由于摄像头通常保持稳定，只会发生轻微的振动，因此图像的尺度具有一致性，而旋转不会影响到幅值大小。因此，采用标记图来描述图形大小是一种非常实用的方法。在获取图像的标记图之前，必须首先获得图像的质心和边界轮廓，区域中心的坐标是根据区域中的点计算得出的，它提供了一种全局描述符，可用于进一步的图像分析和处理。

（2）线型缺陷特征提取与选择。在音圈引线的线型缺陷特征提取与选择过程中，为了获得精确的缺陷信息，需要对图像进行形态学分析。形态学分析的主要目的是去除图像中的内部孔洞，从而使缺陷特征更加突出和清晰。通过这种方法，处理后的图像更容易进行边缘检测，这为后续的特征提取奠定了良好基础。边缘检测在特征提取中起着关键作用，因为它能够准确定位缺陷区域，从而使缺陷特征更加明显。

在缺口铜丝的线形缺陷特征提取与选择过程中，主要挑战在于单独提取铜丝并进行缺陷识别的难度较大。为了解决这一问题，可以将与铜丝相连接的缺口反光区域和铜丝一起提取出来。这种方法不仅能够更有效地检测缺陷，还能够提升缺陷识别的准确性。由于反光区域的存在，使得缺口特征更为明显，结合铜丝的形态特征，能够实现对缺陷的精确定位和识别。这种综合提取的方法能够显著提高检测的准确度和可靠性，从而更好地保障受话器的性能。

3. 块状和线形缺陷的分类识别

在块状和线形缺陷的分类识别中，模式识别技术用于自动识别图像中的目标，并替代人工进行精确检测。受话器缺陷检测系统的设计主要关注两类缺陷：块状区域和线型区域。具体应用包括音圈涂层检测、音圈引线检测和缺口铜丝检测。通过将图像分割为三个主要区域，对应的分类检测任务也被分成三个独立的模块。

（1）音圈涂层的缺陷检测主要关注涂层断胶和涂层宽度。为了有效识别这些缺陷，选择了欧拉数、内切圆半径、外接圆半径和偏心率作为特征向量。由于涂层断胶与涂层宽度的检测是相互独立的，因此输入层的神经元数量设定为 5 个，对应上述特征数，输出层神经元数量为 2 个，隐含层神经元数量通过实验确定为 11 个。在训练过程中，通过多次尝试以优化神经网络模型的性能。

（2）音圈引线的缺陷检测主要是识别焊接铜丝是否存在交叉现象。选取周长、长宽比和圆形度作为特征向量，其中周长与图像的尺度相关，而其他特征为比值量。因此，输入层的特征量为 3 个，输出层的检测结果为 2 个，隐含层神经元数量通过计算为 7 个。通过上述特征的选择和模型训练，可以准确识别音圈引线的缺陷。

（3）缺口铜丝的检测旨在判断缺口处是否存在多余的铜丝，这对受话器的质量有显著影响。根据缺口区域的特征，选取周长、矩形度和圆形度作为判断的特征向量。通过对这些特征的精确提取和神经网络模型的训练，能够有效检测缺口铜丝的缺陷。

（二）射线成像山峰定位的零件内部缺陷检测

1. 山峰定位的内部缺陷区域定位

（1）山峰定位原理。山峰定位原理涉及通过对图像灰度变化的分析来确定可能的缺陷像素位置。该方法基于在一维方向上识别灰度起伏的不同类型。通过扫描图像的每一行，自左至右逐个像素计算灰度变化。当灰度值稳定增加且负增量不超过预设的较小阈值时，被定义为"上坡";相反,当灰度值稳定减少且正增量不超过预设的较小阈值时,被定义为"下坡"。一个完整的上坡和下坡共同构成一个潜在山峰。

山峰定位原理通过系统性地分析灰度变化,提供了一种高效的缺陷识别方法。其参数化判定标准不仅简化了识别过程,还增强了方法的通用性和适应性,广泛适用于各种图像处理和分析场景。这种方法在灰度图像处理领域中,展现了其独特的优势和应用潜力。

(2)山峰定位方法。为了进一步验证潜在山峰是否为真实山峰,需利用三个参数进行判定:山峰高度、山峰宽度、山峰陡峭度。这些参数分别衡量山峰的垂直高度、水平宽度及其陡峭程度。由于灰度变化类型的区分度较大,因此参数设定无须极其精确,一旦设定,便可适用于所有图像。

在实际应用中,首先,对图像进行预处理,以去除噪声并增强对比度,从而使灰度变化更加明显;其次,通过逐行扫描方法对图像进行详细分析,识别出潜在山峰。此过程中,设定的阈值和参数将用于确保识别过程的准确性和一致性。

这种方法通过对灰度变化的精确分析,能够有效地识别图像中的山峰位置,并为后续的图像处理和分析提供可靠的基础。通过参数化的判定标准,山峰定位方法具备了较强的通用性和适应性,适用于多种图像处理场景。

(3)利用纵横削峰获得缺陷小块。利用纵横削峰方法获得缺陷小块的技术涉及对图像中存在的异常或缺陷区域进行精细分析和处理。该方法通过纵向和横向的峰值削减过程,准确定位并提取图像中的缺陷小块,确保缺陷区域能够被有效地识别和分类。

在图像处理中,对图像进行预处理以提高灰度对比度和去除噪声,从而使图像中的缺陷特征更加明显。通过逐行逐列扫描图像,对每个像素的灰度值变化进行分析。当灰度值出现显著变化时,即可能存在缺陷区域,通过计算灰度峰值的变化,能够初步标记潜在的缺陷位置。

纵横削峰方法的核心为分别在纵向和横向方向上进行峰值削减处理。在纵向削峰处理中,通过分析每列像素的灰度变化,识别出灰度峰值,并将其削减至一个预设的阈值以下,从而消除由图像背景引起的干扰。横向削峰处理则通过类似的方式,对每行像素进行灰度峰值削减。这样,在经过双重削峰处理后的图像中,保留下来的灰度峰值变化即为缺陷区域。

为了确保缺陷小块的精确提取,需要结合图像的形态学特征,对经过削峰处理后的图像进行进一步分析。该方法的优势在于其精细的峰值分析和削减技术,能够有效去除背景干扰,突出缺陷特征。

此外,纵横削峰方法的参数设置灵活,适用于不同类型的图像处理任务。通过精确的缺陷小块提取,为后续的缺陷分类和评估提供可靠的数据基础。

2. 种子填充的内部缺陷精确检测

种子填充的内部缺陷精确检测技术基于图像处理和模式识别方法，通过对图像的分割与分析，实现对内部缺陷的高精度识别。该技术首先需要对检测图像进行预处理，以提高图像的质量和对比度，从而使内部缺陷更为显著。

（1）缺陷小块的种子点获取方法。

第一，对图像进行预处理。预处理包括噪声去除、对比度增强和边缘检测等操作，旨在提高图像的质量和突出潜在的缺陷区域。在此基础上，利用灰度直方图分析可以初步识别出灰度值分布异常的区域，这些区域往往是缺陷的潜在位置。

第二，种子点的选择是基于图像的局部特征。通过计算局部区域的灰度均值、标准差和梯度信息，识别出灰度变化较大的像素点作为种子点候选。具体而言，灰度均值和标准差用于衡量区域内灰度值的集中程度和离散程度，而梯度信息则反映了灰度变化的剧烈程度。缺陷区域通常表现为灰度变化显著，因此这些统计特征有助于定位潜在的缺陷位置。

第三，通过膨胀和腐蚀等形态学操作，可以去除孤立的噪声点和连接断裂的缺陷区域，从而提取出较为完整的潜在缺陷区域。在这些区域内进一步分析灰度和几何特征，最终确定最具有代表性的种子点。

第四，结合连通域分析技术。连通域分析通过检测图像中相连的像素群，进一步精炼种子点位置，使其更符合缺陷区域的实际边界。结合连通域分析结果，对初选的种子点进行验证和优化，确保其准确性和代表性。

（2）种子填充的终止条件。

第一，每个种子点必须被一条闭合的轮廓包围。种子点的选择和填充过程依赖于对图像局部特征的分析。为了确保每个种子点被闭合轮廓包围，通常需要进行精细的图像预处理和边缘检测。

第二，这条轮廓必须是缺陷的边缘。即便能在某些情况下获得闭合的边缘轮廓，确保这条轮廓完全对应缺陷边缘也是一个巨大挑战。缺陷区域的边缘常常受到多种因素的影响，如光照变化、纹理复杂度和图像分辨率等，这使得检测到的边缘可能包含非缺陷区域的部分，从而影响填充的准确性。

（三）红外成像稀疏表示的零件动态缺陷检测

红外成像稀疏表示在零件动态缺陷检测中的应用，通过利用稀疏表示理论对红外成像数据进行处理和分析，有效提升了缺陷检测的精度和效率。该方法首先依赖于红外成像技术获取零件在动态过程中的热成像数据。这些数据不仅包含了零件表面的温度分布信息，而且反映了零件内部可能存在的热异常，从而为缺陷检测提供丰富的原始数据。

1. 红外动态缺陷检测原理

红外动态缺陷检测原理基于感应热传导机制，这一机制借助红外相机拍摄温度变化的动态过程，揭示了导热材料内部的缺陷情况。感应热传导的基本原理源于涡电流的产生与材料阻热效应相互作用。当导热材料受到电磁场的激励时，产生的感应电流会在材料内部引发阻热效应，导致温度升高。这种现象即为焦耳热律，其能量与电流的平方成正比，同时与电场强度呈正相关关系。

在感应热成像缺陷检测过程中，通过激励模组产生的高频信号引发涡电流，在材料内部形成阻热现象。随着时间的推移，热量在材料内部传播直至达到热平衡状态。若材料存在缺陷，则涡电流在缺陷处产生畸变，热量传播过程也将发生变化。因此，红外相机可捕捉到材料表面温度分布和温度瞬时响应的变化，从而检测缺陷的存在与特征。

整个检测过程可分为加热阶段和冷却阶段，其中加热阶段表现为温度位置的剧烈变化，而冷却阶段则体现为热量从高温区向低温区传播，导致温度差异逐渐减小。此外，远离激励线圈的区域温度也会因热量传导而逐渐上升。在红外相机记录下的图像中，热点被用来检测缺陷的位置和大小，通过观察涡电流在缺陷处的作用情况，可以识别出缺陷，主要体现为裂缝等特征。这一原理为红外动态缺陷检测提供了可靠的基础，并具有广泛的应用前景。

2. 稀疏表示的动态缺陷检测

动态缺陷检测是通过对信号的处理和分析，实时捕捉和识别材料或系统中的缺陷。稀疏表示利用信号在某个基底下的稀疏性质，将信号表示为基底的线性组合，从而实现对信号的高效表示和压缩。在动态缺陷检测中，稀疏表示可用于对信号进行特征提取和降维处理，从而实现对动态过程中缺陷的准确检测和定位。

通过构建适当的字典和稀疏表示模型，可以将动态信号转化为稀疏表示的形式，进而实现对信号的分析和处理。稀疏表示在动态缺陷检测中的应用主要包括以下两个方面。

（1）基于稀疏表示的特征提取和选取。通过对信号进行稀疏表示，提取出具有代表性的特征信息。

（2）基于稀疏表示的动态缺陷检测算法。利用稀疏表示的特性，对动态信号进行实时监测和检测，实现对缺陷的快速识别和定位。通过将稀疏表示与传统的动态缺陷检测方法相结合，可以提高检测的准确率和效率，为动态系统的健康监测和故障诊断提供重要支持。

第五章　数字技术促进智能制造装备与服务发展

随着全球经济的持续发展和科技的不断进步，智能制造已成为推动制造业转型升级的重要力量。在这一背景下，数字技术的迅猛发展，特别是大数据、云计算、物联网、人工智能等技术的融合应用，为智能制造装备与服务的发展注入了新的活力。本章将深入探讨智能制造装备及其技术发展、智能制造服务及其技术发展、互联网环境下的智能制造服务流程纵向集成以及工业大数据驱动的智能制造服务系统构建。

第一节　智能制造装备及其技术发展

一、智能制造装备及其产业

"科技与产业是当今世界竞争的焦点，各国都在加大科技创新和产业升级力度。随着信息技术的不断更新迭代，传统的制造业强国与新兴经济体都逐渐将智能制造作为推动本国制造业升级发展、提升产业竞争力的关键领域。"[1]智能制造装备是制造业的基础硬件，也是智能制造标准体系中至关重要的一环。智能制造装备产业肩负着引领和带动制造业向中高端发展的重要使命，是今后较长时期优化产业布局的重中之重，是支撑经济迈上新台阶的一个先导性产业。通过大力发展智能制造装备产业，实现各种制造过程的自动化、智能化、精细化、绿色化，不仅有利于带动整体制造业上新台阶，更是为加快制造业转型升级，提升生产效率、技术水平和产品质量，满足多元化需求，降低能源消耗提供了强力保障。

（一）智能制造装备的定义

智能制造装备是指具有感知、分析、推理、决策、控制功能的制造装备，它是先进制造技术、信息技术和智能技术的集成和深度融合。智能制造装备作为现代制造业的核心与前沿，展现出预测、感知、分析、推理、决策与控制等一系列高级功能。这些功能不仅提

---

[1] 卓娜,梁富友,周明生,等.智能制造的技术、产业模式及其发展路径[J].科学决策,2023(10):89.

升了传统制造装备的智能化水平，而且在数控化的基础上进一步推动了生产效率与制造精度的飞跃。智能制造装备能够自主感知与分析运行环境，实现自我规划与作业控制。同时，它们具备故障自我诊断与修复的能力。此外，它们还能主动评估自身性能，进行自我维护，并参与网络集成与协调，实现制造过程的网络化与智能化。

智能制造装备产业涉及多个关键领域，包括智能基础共性技术、测控装置与部件以及智能制造成套装备等。这些领域的发展共同构筑了智能制造装备产业的坚实基础，成为高端装备制造业的重要组成部分。智能制造装备作为制造业的基础和前沿，其发展水平已成为衡量一个国家工业先进程度的重要指标。在全球制造业竞争日益激烈的背景下，智能制造装备产业的发展成为各国竞相追逐的目标。

从产业发展角度来看，智能制造装备产业不仅代表高端装备制造业的发展方向，而且是信息化与工业化深度融合的重要体现。通过发展智能制造装备产业，可以加速制造业的转型升级，提升生产效率、技术水平和产品质量，同时降低能源资源消耗，实现制造过程的智能化和绿色化发展。这一过程对于推动制造业的可持续发展，提升国家在全球制造业中的竞争力具有重要意义。

（二）智能制造装备产业领域

1. 智能制造装备产业的发展领域

根据国家战略性新兴产业发展规划的指引，智能制造领域被确定为促进制造业转型升级和国家战略发展的关键领域之一，其重点发展领域包括智能控制系统、精密和智能仪器仪表与试验设备、高档数控机床与基础制造装备、自动化成套生产线以及智能专用装备。此外，《智能制造装备产业"十二五"发展路线图》进一步明确了实现制造过程智能化发展的重要路径。其中，九大关键智能基础共性技术的突破被列为关键任务之一，以促进八类重大智能制造装备的集成创新发展。

九大关键智能基础共性技术涵盖了新型传感技术，模块化、嵌入式控制系统设计，先进控制与优化技术，系统协同技术，故障诊断与健康维护技术，高可靠实时通信网络技术，功能安全技术，特种工艺与精密制造技术以及识别技术。这些技术的发展与应用将为智能制造的不断演进提供坚实基础，从而推动整个制造行业的转型和升级。

八项核心智能测控装置与部件的提升也被列为智能制造的重要支撑。这些核心装置和部件包括新型传感器及其系统、智能控制系统现场总线、智能仪表、精密仪器、工业机器人与专用机器人、精密传动装置、伺服控制机构以及液气密元件及其系统。它们的创新与应用将有效提升智能制造系统的整体性能和灵活性，为实现智能化生产提供关键支持。

八类重大智能制造成套装备的集成发展将为各个领域的智能制造提供全面解决方案。这些成套装备集成涵盖了石油石化、冶金、成形和加工、自动化物流、建材、食品制造、纺织以及印刷多个领域，为不同产业的智能化转型提供了具体路径和实践指导。

2.智能制造装备产业的应用领域

智能制造装备的应用正在逐步渗透不同行业，对于传统制造业的转型升级具有重要的支撑作用。这种趋势有利于实现智能化、绿色化、精细化和自动化生产。其广泛应用显著提高了生产效率，并减少了对人力资源的依赖。特别是在一些高风险行业的应用中，智能装备的运用减少了人员伤害的发生。

六大重点应用示范推广领域涵盖了电力、节能环保、农业装备、资源开采、国防军工和基础设施建设领域。

在电力领域的应用中，智能制造装备有助于实现燃烧优化和设备预测维护功能。具体来说，在太阳能和智能电网领域的应用中，实现了对太阳能追踪和电力管理等功能。

在节能环保领域，智能装备的重点推广主要体现在粉尘处理、污水处理和废弃物分选等方面，以实现废弃物的回收再利用率以及除尘和污水处理的自动化。

农业装备领域的智能化应用推动了农业生产的现代化进程，特别是大型播种、施肥和收割设备的智能控制和管理，极大地提高了生产效率，节约了劳动力。

资源开采领域的智能装备应用不仅关注人员安全，还要求高精准的资源定位。例如，在天然气和石油开采过程中，智能装备可以实现安全环境预警和数据采集监控等功能，从而提高开采效率和安全性。

在国防军工领域，智能装备如机器人、智能仪表和新型传感器的应用，为提升国防实力奠定了坚实基础。

在基础设施建设领域，智能装备的应用包括大型施工设备的远程诊断和监测功能，以及机场、码头货物输送设备的智能控制和管理，既提高了工作效率，又降低了劳动力成本，并减少了工作人员在作业过程中的伤亡风险。

二、智能制造装备技术发展

智能制造装备技术，即制造装备能进行诸如分析、推理、判断、构思和决策等多种智能活动，并可与其他智能装备进行信息共享的技术。

从功能上讲，智能制造装备技术包括装备运行与环境感知、识别技术，性能预测与智能维护技术，智能工艺规划与编程技术，智能数控技术。

（一）装备运行与环境感知、识别技术

传感器是智能制造装备中的基础部件，可以感知或采集环境中的图形、声音、光线，以及生产节点上的流量、位置、温度、压力等数据。传感器是测量仪器走向模块化的结果，虽然它技术含量很高，但一般售价较低，需要和其他部件配套使用。

当智能制造装备在作业时，离不开由相应传感器组成的或由多种传感器结合而成的感

知系统。感知系统主要由环境感知模块、分析模块、控制模块等部分组成，它将先进的通信技术、信息传感技术、计算机控制技术结合来分析处理数据。环境感知模块可以是机器视觉识别系统、雷达系统、超声波传感器或红外线传感器等，也可以是这几者的组合。随着新材料的运用和制造成本的降低，传感器在电气、机械和物理方面的性能越发突出，灵敏性也变得更强。未来，随着制造工艺的提高，传感器会朝着小型化、集成化、网络化和智能化方向进一步发展。

智能制造装备运用传感器技术识别周边环境（如加工精度、温度、切削力、热变形、应力应变、图像信息）的功能，能够大幅改善其对周围环境的适应能力，降低能源消耗，提高作业效率，是智能制造装备的主要发展方向。

（二）性能预测与智能维护技术

1. 性能预测技术

对设备性能的预测分析及对故障时间的估算是制造系统中至关重要的一环，其能力在于评估设备的实际健康状况，并描述其表现或衰退轨迹，以预测设备或组件的失效时间及方式，从而为用户提供缓和措施及解决对策，以减少生产运营中的产能与效率损失。这种预测制造系统的存在对降低不确定性影响具有显著意义。

精心设计开发的预测制造系统具备以下多项优点。

（1）在降价成本方面，首先，系统通过对生产资产实际情况的了解，使维护工作在更合适的条件下进行，避免了在故障发生后才更换损坏部件或过早更换完好部件所带来的不必要开支；其次，历史健康信息能够被系统反馈至机器设备的设计部门，从而促成闭环的生命周期更新设计，进一步降低了成本。

（2）在提高运营效率方面，预测制造系统能够在设备可能失效的情况下，使生产和维修主管更合理地安排相关活动，最大限度地提高设备的可用性和正常运行时间，从而提高整体运营效率。

（3）在提高产品质量方面，系统将近乎实时的设备状态监测数据与过程控制系统相结合，能够在设备或系统状况随时间变化的同时保持产品质量的稳定。这种能力确保了生产过程中产品质量的一致性和稳定性，从而增强了企业的竞争力。

因此，预测制造系统在降低成本、提高运营效率和提高产品质量等方面发挥着重要作用，为制造业企业提供了可持续发展的基础支持。

2. 智能维护技术

智能维护是一项融合性能衰退分析与预测方法以及现代电子信息技术的维护策略，其旨在使设备达到近乎零故障性能水平。这一技术的核心在于将设备状态监测与诊断维护技术、计算机网络技术、信息处理技术、嵌入式计算机技术、数据库技术以及人工智能技术有机结合。研究智能维护技术的主要领域包括远程维护系统架构与网络技术、网络诊断维护标准与规范、多通道同步高速信号采集技术与高可靠性监测技术以及嵌入式网络接入技术。

（1）在远程维护系统架构与网络技术方面，关键是利用网络技术实现信息的多向畅通传输。为此，需要综合考虑网络设备的价格和保障信息传输的带宽等因素，从硬件、软件以及集成等方面研究系统的实现及应用方案，以确保远程诊断数据的正常传输，这构成了实现远程维护的基础。

（2）在网络诊断维护标准与规范方面，关注的是制定通用的标准和规范，并与国际标准接轨，以实现技术资源的共享。这些标准和规范涵盖了监测方案、监测输出参数的定义、相关参数的限值、测试数据存储格式、数据表达形式、传输协议以及诊断维护分析方法等内容。

（3）在多通道同步高速信号采集技术与高可靠性监测技术方面，关注的是如何针对不同设备的工作状态和不同的监测信号，采用数字信号处理实现多种方式的多通道同步高速信号采集、处理与故障特征提取。同时，通过基于VXI总线的数据采集监测系统的研究，旨在提高现有系统的性能和技术水平，以达到提高可靠性、实时性和多功能的目标。

（4）在嵌入式网络接入技术方面，以高性能嵌入式微处理器和嵌入式操作系统为核心，开发研究了10M/100M内置以太网接口、可监测设备状态、嵌入式数据网络化传输终端等技术。基于此，建设嵌入式Web Server并实现基于网络的系统维护功能，使用户能够通过Web形式查看设备状态数据。

智能维护技术具备以下多项优点。

①基于图形化编程语言的远程监测软件研究。该研究旨在开发一种图形化编程软件工具，其能够支持网络化数据通信接口，并且能够快速描述监测系统环境以及定义数据传输及其处理过程。这样的工具将为不同的监测对象提供快速构建监测诊断软件平台的可能性，从而为远程监测提供更加便捷、高效的解决方案。

②智能分析诊断技术的研究是当前智能化发展趋势下的重要方向之一。该领域主要涵盖基于神经网络、模糊理论等的智能信息处理方法以及基因算法等技术。这些方法旨在实现设备故障的智能诊断，同时探索多种智能诊断方法相融合的技术。此外，研究还聚焦于基于模糊的和确定性的知识进行综合推理的专家系统以及基于小波分析、分形理论等方法的信号分析和故障特征提取技术，为设备故障诊断提供更加准确、可靠的解决方案。

③基于Web的网络诊断知识库、数据库和案例库的研究是为了更好地应对不同应用对象的需求。在这方面，研究人员致力于制定故障诊断规则，筛选监测诊断数据和故障案例，并建立基于Web的网络诊断知识库、数据库和案例库。这些资源的建立，将为故障诊断提供更多样化、实时化的支持，提升故障诊断的效率和准确率。

④多参数综合诊断技术的研究是为了更全面地理解设备故障的机理、特征和规律。通过采用多参数信息融合技术，研究人员探索故障对设备关键状态参数（如振动、油液和热力参数）的影响，从而制定相应的诊断规则，并开发相应的网络化运行软件。这一技术的研究将为设备故障的综合诊断提供更加全面、准确的分析手段。

⑤专家会诊环境的研究旨在实现远程设备故障诊断分析的高效协作。研究人员着重开发具有开放接口的远程设备故障诊断分析工具包，以支持频谱、细化谱、倒谱等常规分析方法，同时整合小波、经验模态分解（EMD）等先进分析工具。通过采用设备状态数据Web发布技术与诊断专家网络群件系统技术，研究旨在实现专家会诊环境，支持集成数据、语音和视频的信息交流，从而提升远程故障诊断的效率和质量。

（三）智能工艺规划与编程技术

智能工艺作为一种计算机辅助工艺，旨在通过人机交互或自动方式，在人与计算机构成的系统中，根据产品设计阶段所提供的信息，确定产品的加工方法和工艺过程。其核心在于将产品设计数据转化为产品制造数据，是一项对零件从毛坯到成品制造方法进行规划的技术。智能工艺依托计算机软硬件技术，利用计算机的数值计算、逻辑判断和推理功能，从而确定零件机械加工的工艺过程。

作为连接设计与制造之间的桥梁，智能工艺的质量与效率直接影响企业制造资源的配置与优化、产品质量与成本、生产组织效率等重要方面，其对实现智能生产的作用不可忽视。通过智能工艺，企业可以更加灵活地配置制造资源，优化生产流程，提高产品质量，并在一定程度上降低生产成本。同时，智能工艺的应用也为生产组织提供了高效的管理方式，有助于提升整体生产效率和竞争力。

1. 智能工艺组成

智能工艺系统是一种复杂、系统化的工程工具，其核心组成部分包括控制模块、零件信息输入模块、工艺过程设计模块、工序决策模块和工步设计决策模块、输出模块和加工过程动态仿真模块，以及数字化控制（NC）加工指令生成模块。这些模块各自承担着特定的功能，以协同作用的方式实现了智能工艺系统的全面运作。

控制模块作为智能工艺系统的核心之一，其职责在于协调各个模块的运行，并促成人机之间的信息交流。此外，控制模块还负责控制零件信息的获取方式，确保系统能够准确获取所需的零件信息，为后续加工过程提供必要的数据支持。

零件信息输入模块则承担着将零件结构与技术要求输入系统的任务。通过直接读取CAD系统或与操作员进行人机交互，该模块有效地将零件信息纳入系统，为后续工艺设计与加工提供了必要的基础数据。

工艺过程设计模块是对加工工艺流程进行整体规划的关键模块，其生成的工艺过程卡片为加工与生产管理部门提供了重要参考。这一模块的功能在于为后续加工过程提供清晰的工艺流程规划，以提高加工效率和质量。

工序决策模块和工步设计决策模块则分别负责加工方法、加工设备、刀具量具选择以及工步内容设计等方面的决策。这些模块通过精准的计算和规划，为加工过程提供了有效的指导，以确保加工过程的顺利进行。

输出模块和加工过程动态仿真模块分别负责对产品工艺过程信息的输出和加工过程的动态仿真检查。输出模块以工艺卡片形式输出工艺信息，并提供CAM数控编程所需的工艺参数文件和NC加工指令，从而为实际加工提供了必要的指导和支持；而加工过程动态仿真模块则通过模拟检查工艺的正确性，确保加工过程的稳定性和可靠性。

2. 智能工艺决策专家系统

智能工艺决策专家系统代表着计算机科学领域内一项重要的技术成就，其在特定领域内展现出与人类专家相当的水平和能力。该系统将人类专家的知识与经验储存于计算机的知识库中，并模拟人类专家的推理方式与思维过程，以此来解决实际问题，并做出相应的判断与决策。

在智能工艺决策专家系统的构成中，人机接口、解释机构、知识库、数据库、推理机以及知识获取机构六个部分相互协作。其中，知识库作为系统的核心，承载着各个领域的专业知识，为系统提供了基础与支撑。推理机则负责控制与执行问题的求解过程，其根据已知事实，运用知识库中的知识，依据特定的推理方法与搜索策略进行推理，从而得出问题的答案或证实某一结论。

智能工艺决策专家系统具有以下特点。

（1）以"逻辑推理+知识"为核心，致力于实现工艺知识的表达和处理机制，以及决策过程的自动化。

（2）采用人工智能原理与技术。

（3）能够解决复杂而专门的问题。

（4）突出知识的价值。

（5）具有良好的适应性和开放性。

（6）系统决策取决于逻辑合理性以及系统所拥有知识的数量和质量。

（7）系统决策的效率取决于系统是否拥有合适的启发式信息。

（四）智能数控技术

数控技术即数字化控制技术，是一种采用计算机对机械加工过程中的各种控制信息进行数字化运算和处理，并通过高性能的驱动单元，实现机械执行构件自动化控制的技术。智能数控技术，是指数控系统或部件能够通过对自身功能结构的自整定（设备不断修正某些预先设定的值，以在短时间内达到最佳工作状态的功能）改变运行状态，从而自主适应外界环境参数变化的技术。

1. 智能数控技术的组成

智能数控技术是智能数控机床、智能数控加工技术及智能数控系统的统称。

（1）智能数控机床。智能数控机床是最具代表性的智能数控装备。智能数控机床技术包括智能主轴单元技术、智能进给驱动单元技术及智能机床结构设计技术。

智能主轴单元包含多种传感器，如温度传感器、振动传感器、加速度传感器、非接触式电涡流传感器、测力传感器、轴向位移测量传感器、径向力测量应变计、对内外全温度测量仪等，使得加工主轴具有精准的应力、应变数据。

智能进给驱动单元确定了直线电机和旋转丝杠驱动的合适范围及主轴的运动轨迹，可以通过机械谐振来主动控制进给单元。

智能数控机床了解制造的整个过程，能够监控、诊断和修正生产过程中出现的各类偏差并提供最优生产方案。换言之，智能机床能够收集、发出信息并进行自主思考和决策，因而能够自动适应柔性和高效生产系统的要求，是重要的智能制造装备之一。

（2）智能数控加工技术。智能数控加工技术包括自动化编程软件与技术、数控加工工艺分析技术和加工过程及参数化优化技术。

（3）智能数控系统。智能数控系统是实现智能制造系统的重要基础单元，由各种功能模块构成。智能数控系统包括硬件平台、软件技术和伺服协议等。智能数控系统具有多功能化、集成化、智能化和绿色化等特征。

2. 智能数控技术的特点

智能数控技术集合了智能化加工技术、智能化状态监控与维护技术、智能化驱动技术、智能化误差补偿技术、智能化操作界面与网络技术等若干关键技术，具备多功能化、集成化、智能化、环保化的优势特征，必将成为智能制造不可或缺的"左膀右臂"。

第二节 智能制造服务及其技术发展

一、智能制造服务的发展

作为智能制造的延伸，智能服务是服务型制造的重要模式之一。随着计算机和通信技术的迅猛发展，制造业也由传统的手工制造，逐渐迈入了以新型传感器、智能控制系统、工业机器人、自动化成套设备为代表的智能制造时代，智能制造服务因而越发受到重视。近年来，随着人工成本的提高及科技的快速发展，产品服务所产生的利润已经远远超过制造产品本身。

通过融合产品和服务，引导客户全程参与产品研发等方式，智能制造服务能够实现制造价值链的价值增值，并对分散的制造资源进行整合，从而提高企业的核心竞争力。

工业4.0所呈现的愿景包括高度柔性的制造环境以及自动化的工业流程，其特征在于大规模定制和智能化生产。智能产品在从制造到使用的过程中积累了大量数据，这些数据被视为21世纪最为重要的资源之一。这些海量数据，也称为大数据，经过持续的分析、解释和关联，被提炼为智能数据，用以优化智能产品的功能和服务。同时，成为新型商业模式的基础。

智能服务的引入使得智能制造更加贴近客户需求，并且使得复杂装备的定制变得更加灵活和高效。通过智能服务，可以实时获取装备运行的各项工况参数，并且借助智能服务工具进行决策分析，从而提高装备的可靠性和效率。在大数据的支持下，智能服务得以根据不同客户的特定需求提供个性化的服务，为客户提供更加精准的解决方案。例如，在汽车行业，客户可以根据自身需求在网上自由组合和匹配汽车服务，而不必购买整车。同时，智能服务提供商也能更加准确地预测用户的需求，从而为零售公司提供更精准的销售预测，保障公司在销售旺季有足够的库存。

（一）智能制造服务的定义

智能制造服务被定义为智能产品、实体服务和数字化服务的结合，构成了工业4.0制造的智能产品价值链的一部分。这种服务以柔性的"按需服务"形式提供，致力于在产品的整个生命周期中为客户创造高附加值的服务。具体而言，智能物流、产品跟踪追溯、远程服务管理以及预测性维护等服务形式是智能制造服务的典型表现。

信息技术与智能制造服务的结合，能够根本性地改变传统制造业的运营模式，涉及产品研发、制造、运输、销售和售后服务等各个环节。这种服务不仅可以优化制造行业的业务和作业流程，而且可以通过反馈数据实现生产力的持续增长和经济效益的稳步提高。

企业通过智能制造服务可以捕捉客户的原始信息，积累数据并构建需求结构模型。这些数据可以进行挖掘和商业智能分析，不仅可以分析客户的显性需求，如习惯和喜好，还可以挖掘与客户时空、身份、工作生活状态相关的隐性需求。这样的分析和挖掘，使企业能够主动为客户提供精准、高效的服务，体现了智能制造服务的主动性和按需性。

智能制造服务作为智能制造的核心内容之一，越来越多的制造型企业已经意识到从生产型制造向生产服务型制造转型的重要性。这种服务的智能化不仅表现在企业如何高效、准确、及时地挖掘客户潜在需求并实时响应，而且包括对产品实施线上、线下服务，并实现产品的全生命周期管理。

在推动服务智能化的过程中，有两股力量相互作用。一方面，传统制造业企业不断拓展服务业务；另一方面，互联网企业从消费互联网进入产业互联网，实现了人与设备、设备与设备、服务与服务以及人与服务的广泛连接。这两股力量的相互融合，将不断推动智能制造服务领域的技术创新、理念创新、业态创新和模式创新。

（二）智能制造服务的发展

近些年来，人们的生活已经慢慢被智能产品充斥，如智能手机、智能手表、智能眼镜以及物联网下的智能家居等。智能制造的巨大浪潮与产业互联网的融合正在酝酿着崭新的商业模式，以期带来用户需求的颠覆与生活方式的变革。在未来，智能制造服务等新型行业必会得到广泛关注与发展。

"智能化设备""基于大数据的智能分析"和"人在回路的智能决策"作为工业互联网的关键要素，将为工业设备提供面向全生命周期的产业链信息管理服务，帮助用户更高效、更节能、更持久地使用这些设备。

未来，产品价值将最终会被服务价值代替，每个企业都应借助工业互联网的兴起和日益完善的功能，在优化提升效率获取可观收益后，创新服务模式，并且不断探索，为服务模式的创新奠定坚实的实践经验和数据基础。

对传统制造业企业来说，实现智能制造服务可从三个方向入手：一是依托制造业拓展生产性服务业，并整合原有业务，形成新的业务增长点；二是从销售产品向提供服务及成套解决方案发展；三是创建公共服务平台、企业间协作平台和 SCM 平台等，为制造业专业服务的发展提供支撑。

智能制造服务可以包含以下种类。

第一，产品个性化定制、全生命周期管理、网络精准营销与在线支持服务等。

第二，系统集成总承包服务与整体解决方案等。

第三，面向行业的社会化、专业化服务。

第四，具有金融机构形式的相关服务。

第五，大型制造设备、生产线等融资租赁服务。

第六，数据评估、分析与预测服务。

智能服务的主要特征包括以用户为中心、跨企业、跨部门的特性，这种以用户需求为导向的跨界合作模式，体现了智能服务在满足多元化需求、提升用户体验方面的优势。另外，数据驱动是智能服务的关键特征之一，通过对大数据的采集、分析和应用，智能服务能更好地理解用户行为、优化服务流程，从而实现个性化、精准化的服务传递。同时，随着发布周期的不断缩短，智能服务展现出极度的敏捷性，这有助于服务提供商及时调整服务策略、推出新产品，以满足市场需求的变化。数据和算法的不断优化也为智能服务增加了附加值，提升了服务的效率和质量。然而，值得注意的是，横向商业模式对收益的正面效应已经不再明显，这表明在智能服务领域，商业模式的调整与创新已成为迫切需求。最后，市场领导者需要具备算法、平台、市场等多方面的要素，以适应数字化、智能化的发展趋势，从而保持竞争优势。

总的来说，未来智能服务的发展趋势将更加倾向于"即插即用"的模式，通过数字平台实现机器、系统、工厂的高效对接，使得用户可以随时随地访问现场数据，从而实现服务的即时化、个性化。这种数字平台不仅适用于机械制造商、用户和服务提供商，更构成了新数字生态体系的基础设施。德国以及西欧地区已成为智能服务出口的成功地区，其数字市场的一体化能够促进智能服务的市场介入和提高响应速度，为中小微企业提供了丰富的商机。在智能服务的生态系统中，中小微企业有机会成为领先的服务提供商或者智能服务平台架构的开发者，从而在智能化的时代中实现更大的发展。在智能工厂中，车间员工不再局限于简单的机器操作，而是具备创造性和决策能力的领导者，数字技术的应用为他们创造了新的岗位和发展机会。

综上所述，智能服务将在数字化、智能化的趋势下持续发展，并为各行各业带来更多的机遇与挑战。

二、智能制造服务技术的发展

智能制造服务是世界范围内信息化与工业化深度融合的大势所趋，并逐渐成为衡量一个国家和地区科技创新和高端制造业水平的标志。而要实现完整的生产系统智能制造服务，关键是突破智能制造服务的基础共性技术，它主要包括服务状态感知技术、网络安全技术和协同服务技术。

（一）服务状态感知技术

服务状态感知技术是智能制造服务的关键环节，产品追溯管理、预测性维护等服务都是以产品的状态感知为基础的。服务状态感知技术包括识别技术和实时定位系统。

1. 识别技术

识别技术在智能制造服务系统中扮演着重要角色，其主要组成包括 RFID 技术、基于深度三维图像识别技术以及物体缺陷自动识别技术。其中，基于三维图像的物体识别技术通过对图像进行分析，能够准确识别出图像中的物体类型，并提供物体在图像中的位置和方向信息。这种技术实质上是对三维世界的感知与理解，通过结合人工智能科学、计算机科学和信息科学等领域的知识，使得三维物体识别技术成为智能制造服务系统中不可或缺的关键技术之一。

2. 实时定位系统

实时定位系统作为智能制造服务系统中的重要组成部分，能够对多种资产如材料、零件、工具、设备等进行实时跟踪管理。举例而言，生产过程中需要监控在制品的位置及行踪，以及材料、零件、工具的存放位置等信息，实时定位系统则能够满足这一需求。因此，智能制造服务系统必须建立一个完善的实时定位网络系统，以确保在生产全程中各个目标的实时位置跟踪得以实现。

（二）网络安全技术

制造业的数字化进程得益于计算机网络技术的广泛运用，然而，这一发展也带来了网络安全方面的挑战。在制造业企业内部，数字化技术的应用已成为工人工作的重要组成部分。他们依赖计算机网络、自动化机器和传感器，而技术人员的职责则在于将数字数据转化为实体部件和组件。数字化技术支持着产品设计、制造和服务的全过程，因此，必须受到有效保护。特别是在智能制造体系中，整个生产流程通过互联网连接，从顾客需求到产品设计、生产组装都紧密相连，这使得网络安全问题变得尤为突出。

智能互联装备、工业控制系统、移动应用服务商、政府机构、零售企业和金融机构等行业都面临着来自网络犯罪分子的攻击威胁。这些威胁可能导致个人隐私泄露、支付信息泄露甚至系统瘫痪，会造成严重的经济损失。尽管互联网在制造业等传统行业中带来了新的机遇，但也同时引发了严重的安全隐患。

解决网络安全问题需要从以下两个方面入手：一方面，确保服务器的自主可控性至关重要。作为国家政治、经济和信息安全的核心，服务器的自主化是保障行业信息化应用安全的关键。只有确保服务器的自主可控性，满足金融、电信、能源等行业对服务器安全性、可扩展性和可靠性的严苛要求，才能建立安全可靠的信息产业体系。另一方面，确保IT核心设备的安全可靠性也至关重要。当前，我国IT核心产品严重依赖于国外企业，这使得信息化核心技术和设备受制于人。只有实现核心电子器件、高端通用芯片和基础软件产品的国产化，才能确保核心设备的安全可靠性，从而不断加强和扩大IT安全保障体系的建设。

（三）协同服务技术

要了解协同服务技术，首先要了解什么是协同制造。

1. 协同制造

协同制造是一种利用网络技术和信息技术的技术，旨在促进企业内及跨供应链之间的产品设计、制造、管理和商务合作。该制造模式通过改变业务经营模式与方式，实现资源的充分利用。其基于敏捷制造、虚拟制造、网络制造和前期化制造等现代制造模式，旨在打破时间和空间的限制，通过互联网实现供应链上的企业、合作伙伴之间的信息共享。协同制造技术转变了传统的生产方式，使得生产过程更为并行化，从而缩短产品的生产周期，提高对客户需求的快速响应能力以及设计和生产的柔性。

协同制造可分为企业内的协同制造（又称纵向集成）和企业间的协同制造。在组织上，协同制造又可分为协同设计、协同供应链、协同生产和协同服务等内容。

2. 协同服务

协同服务作为协同制造的重要内容之一，包括设备协作、资源共享、技术转移、成果推广和委托加工等模式的协作交互。通过调动不同企业的人才、技术、设备、信息和成果等优势资源，协同服务实现了集群内企业的协同创新、技术交流和资源共享。

协同服务的实施最大限度地减少了地域对智能制造服务的影响。通过企业内和企业间的协同服务，顾客、供应商和企业都能参与到产品设计中，从而提高了产品的设计水平和可制造性。此外，协同服务有利于降低生产经营成本，提高产品质量和客户满意度。通过这种方式，协同服务为企业提供了一种高效的合作模式，推动了智能制造领域的发展，为企业的可持续发展提供了有力支持。

三、智能制造服务技术应用实例——数控机床云资源设计

以数控机床为例，现有的设计缺乏数据库和知识库的支持，难以实现性能的高精度设计，利用模块资源库和结合面特性资源库支撑的数控机床设计服务创新平台，将传统的数控机床零部件制造延伸到机床设计仿真，再延伸到机床设计服务，不断提升数控机床的自主创新设计能力。设计大数据主要包括以下几个方面。

（一）机床结合面特性大数据

根据不同类型结合面的接触表面面积、载荷分布、载荷大小，结合面介质信息，获得固定栓接结合面、导轨结合面、刀柄结合面、丝杠结合面、轴承结合面的结合面刚度、结合面阻尼、结合面等效模型、结合面建模方案大数据。机床结合面特性大数据包括结合面特性数据和结合面特性案例两个方面。

结合面特性数据是针对不同的结合面类型，记录的对应结合面特征条件及结合面刚度、阻尼的数据。考虑机床结合面中所涉及的结合面类型，采用结合面定性条件全覆盖、定量条件尺度覆盖的方式，构建机床结合面特性数据库，通过不断增加结合面数据条目信息，实现结合面数据的准确查询和精确的插值拟合计算。

固定栓接结合面：根据固定结合面的材料、加工方式、结合面介质、结合面面积、表面正压力，确定对应条件下的法向静刚度、切向静刚度、法向动刚度、切向动刚度、法向动阻尼、切向动阻尼等数据。

导轨结合面：根据导轨结构形式、导轨型号、安装预压形式、导轨载荷，确定对应条件下的法向静刚度、切向静刚度、法向动刚度、切向动刚度、法向动阻尼、切向动阻尼等数据。

刀柄结合面：根据刀柄类型、主轴材料、锥面硬度、锥面精度、结合面介质、拉刀力，确定对应条件下的径向静刚度、轴向静刚度、径向动刚度、轴向动刚度、径向动阻尼、轴向动阻尼等数据。

丝杠结合面：根据丝杠直径、丝杠导程、螺母个数、丝杠预紧方式，确定对应条件下的静刚度、法向动刚度、法向动阻尼等数据。

轴承结合面：根据轴承类型、轴承型号、轴承轴向力和径向力，确定对应条件下的径向静刚度、轴向静刚度、径向动刚度、轴向动刚度、径向动阻尼、轴向动阻尼等数据。结合面热阻根据结合面材料、结合面接触面积、结合面单位面积正压力，确定对应的结合面接触热阻数据。

结合面特性案例是典型的结合面建模方法及分析过程案例。案例主要流程如下。

第一步，建立几何模型，通过结合面特性识别、模型简化等方式建立结合面等效模型。

第二步，定义模型材料属性，包括弹性模量、泊松比、密度等。

第三步，确定模型边界条件，包括载荷、约束，惯性力等。

第四步，网格划分。

第五步，设定结合面具体条件，包括接触类型、表面状态、预紧力等信息。

第六步，根据需要确定分析类型及分析输出结果。

（二）机床模块库设计大数据

将数控机床设计分析所用的模型模块进行整合规划，根据模块类型不同，对模块进行编码，建立对应模块的事务特性表。

机床模块库设计大数据主要包括机床的标准件模块、外购件模块和专用件模块等。机床标准件模块是机床中已经标准化的通用零部件，包括螺母、螺柱、自攻螺钉、铆钉、焊钉挡圈、垫圈、法兰、销、弹簧和螺栓等。机床外购件模块是机床设计中通过选型选配方式确定的机床零部件，由机床外协厂家加工制造，主要分为传动类模块、功能部件模块、管及管接头模块、密封件模块、电器类模块、液压气动润滑类模块和轴承类模块等。专用件模块是机床中需要重点设计分析的主机部件，包括机床床身、立柱、工作台和主轴箱等，各个机床的主机部件模块细部结构各不相同。

（三）机床产业链协作设计大数据

机床产业链协作设计大数据考虑机床主机厂与各外协加工厂、上下游企业之间的交流与数据传递；为机床主机厂家提供外协厂家的产品具体参数、选配方式流程等信息，以利于机床外购部件的快速选型配置；为机床外协厂家提供机床主机厂家的设计需求信息，供外协厂家有针对性地进行产品开发工作，提高产品竞争力。

机床产业链协作设计大数据包括机床零件样本资源和机床设计信息资源。机床零件样本资源以各机床零部件企业提供的机床零部件样本手册为基础，构建零部件样本手册资源池，实现零部件样本的便捷查询，在零部件样本手册资源池的基础上，实现零部件样本选型功能，根据机床零部件选型需求，即可获得所需的零部件具体信息。机床设计信息资源以机床互联网资源为基础，提供机床相关的互联网网站导航功能，加强机床行业的交流互联，具体包括机床企业导航，提供国内外数控机床制造厂商信息；机床行业协会导航，包括中国机床工具工业协会等多个机床工业协会信息；机床零部件企业导航，提供国内外数控机床零部件生产企业信息；机床专业网站导航，提供多个热门的机床信息网站。

（四）机床设计规范大数据

机床设计规范大数据考虑当前机床的设计需求、设计难点、设计条件等因素，在传统机床设计方法的基础上，通过机床数字化设计方法理论及现代设计工具，制定一系列针对数控机床整机、主轴部件、支撑部件、进给系统等的设计分析规范，提高机床行业大数据驱动的正向设计能力。机床的设计分析规范依据设计对象进行分类，主要包括数控机床整机动、静特性分析系列规范，数控机床整机热特性分析系列规范，数控机床主轴设计系列规范，数控机床直线进给系统设计系列规范，数控机床回转进给设计系列规范，数控机床支撑件设计系列规范等。

（五）机床设计标准大数据

机床设计标准以当前的国家标准和行业标准为基础，收集各机床企业实际设计所用的手册信息进行电子化工作，以利于机床企业进行手册的内容查询、对比、勘误。具体包括机床设计手册：机床数控系统——可靠性工作总则、简明机床夹具设计手册等；机械设计手册：简明机械设计手册、机械设计手册（零件结构设计工艺性）、机械设计手册（疲劳强度设计）、机械设计手册（成大先版单行本）等；液压设计手册：液压气动系统设计手册、液压传动与控制手册等；电气手册：电子电路大全、电气技术禁忌手册、电气照明设计手册、机床电路图大全等。

（六）机床材料与仿真设计大数据

考虑到机床设计过程中机床样机试制的高额费用和资源消耗，拟建立统一的机床物理实验数据库，通过科学规划的若干机床物理实验，获得机床材料和结构方面的实验数据信息，结合有限元理论，构建机床材料仿真模型，达到减少机床样式试制次数的目的。机床的材料仿真模型根据尺度不同，主要分为机床整机材料仿真模型、机床主轴材料仿真模型、机床支撑件材料仿真模型、机床进给系统材料仿真模型、机床结合面材料仿真模型等。

（七）机床经验规则设计大数据

收集机床设计中存在的大量经验公式、经验取值和经验设计方法，构建机床经验设计规则资源库大数据，将机床的经验规则作为机床规范设计的补充内容，满足机床设计上对设计精度、设计效率和设计可靠性的平衡要求。

（八）机床设计实例大数据

在机床设计中，对机床的设计过程进行详细记录，构建机床的设计实例资源库，提高机床设计中的数据积累完整性。机床设计实例是从机床设计需求分析开始，经过机床整机方案设计、机床详细部件设计与分析、机床整机分析、机床方案设计评价与改进的设计全过程，最终获得机床设计结果的全部信息数据，包括机床设计各阶段参数数据，机床设计各阶段结构模型，机床设计各阶段所参考的类比对象、设计知识、计算过程、分析内容等。

（九）机床设计知识融合大数据

将各类分散、异构的机床设计资源进一步规划组合，以设计知识元的形式对设计资源进行重构，构建机床设计知识融合资源库，将被动的设计资源查询，转化为主动的设计资源关联推送模式，在机床设计具体阶段，主动提供与设计内容相关的知识点、零件样本、模型模块、设计案例等信息，提高机床设计资源利用率。

（十）机床知识管理大数据

绿色制造模式需要利用大数据使 PLM 环境影响信息透明，协同进行产品制造和使用过程监督，并使产品零部件重用普遍化。制造技术与新材料技术、新能源技术和信息技术的深度融合，变得越来越复杂。企业难以全面掌握所需的所有技术，必须借助外部力量才能完成产品的研发、制造、管理、维护和回收等活动。利用设计大数据，建立设计标准协同平台，记录设计标准制定过程；支持大众发布、评价标准和相关知识，形成标准知识网络，不仅了解设计标准与其他知识的关系，还可以评价标准建议者的水平和贡献，并进行排名，根据排名确定标准最终的制定者；协同跟踪和评价标准的使用情况，帮助其不断完善设计标准。

数控机床设计大数据包括机床设计规范、机床设计手册、机床零部件选型工具、机床结合面应用工具等各类数控机床设计资源服务，方便进行设计手册查找、外购件选型、机床模型调用、零部件设计计算等原本分散于不同渠道的设计工作内容，大大提升了设计效率。

第三节 互联网环境下的智能制造服务流程纵向集成

"我国制造业正面临转型发展的关键时期，'互联网+'理念的提出对制造业发展提供了新的机遇与挑战。越来越多制造业企业引进数字平台、数字技术，依托大数据实现制造模式转型升级，实现互联网赋能。"[1] 自《中国制造2025》实施以来，工业互联网已成为学术界关注的焦点之一。制造业企业普遍认同，通过深度融合制造与服务，可从中获取更多价值。工业互联网技术被引入制造服务研究，且与人工智能共同构成智能制造服务设计的核心技术。新工业革命举措如服务型制造、云制造、智慧制造等，以颠覆性技术为支撑，已成为中国制造业的重要战略选择。

在智能制造服务的集成方面，纵向集成和横向集成是关键议题。纵向集成与横向集

---

[1] 张振. 工业互联网对中国制造业的赋能路径研究[J]. 电子元器件与信息技术，2022，6（3）：12.

成紧密相关，而动态集成则对工业互联网技术的支持至关重要。工业互联网作为基于开放、全球化网络的核心，将设备、人员和数据分析紧密相连。通过对大数据的利用与分析，工业互联网升级了工业智能化水平，降低了能耗，提升了效率。此外，工业互联网有望减少决策过程中的不确定性，并弥补人工决策的缺陷，特别适用于智能制造服务的流程纵向集成。

在智能制造领域，模块化理论被广泛应用于设计和制造。流程模块化方法的引入有助于解决智能制造服务集成的复杂性问题。然而，智能制造领域的集成问题与协同问题一直是研究的难点。尤其是在工业互联网环境下，智能制造服务流程纵向集成的挑战在于其多源异构、实时响应与虚实结合特性。多源异构指集成对象包括产品设计、加工、物流以及服务的规划、提供、优化等，它们的数据来源与结构存在较大差异。实时响应强调终端用户体验的需求，特别是服务流程的即时性要求。虚实结合则有别于以往产品制造集成问题，更加强调虚拟化，并通过产品服务一体化实现虚实结合。

一、智能制造服务流程纵向集成的总体架构

（一）智能制造服务的工业互联网环境构建

智能制造服务的工业互联网环境涵盖了制造物联技术和工业大数据的应用，这两者共同支撑着智能制造服务的运作。工业互联网在此背景下构建了一个包括物理设备层、平台服务层和业务应用层的核心体系。管理层面则聚焦于智能制造服务流程的应用、技术、管理以及工业大数据的采集与分析。

智能制造服务的工业互联网环境将制造与服务的数据采集与分析纳入了整个运作体系。物联技术的应用使得制造过程中的物理设备能够实时采集数据，并通过工业大数据的分析，为制造业企业提供了更加准确的信息支持。同时，工业互联网平台服务层的建构为数据的集成与共享提供了基础设施，使得不同环节的数据得以整合，为智能制造服务提供更加全面的支持。

在管理层面，智能制造服务流程的应用与技术成为重点。通过对制造流程中的各个环节进行智能化设计与管理，实现了生产过程的优化与协同。智能制造服务流程的管理则包括对流程的监控、调整与优化，以确保其能够持续地适应市场需求与制造变革的挑战。此外，工业大数据的采集与存储分析也成了管理层面的重要组成部分，通过对海量数据的挖掘与分析，为制造业企业提供了更深层次的洞察与决策支持。

根据一般制造业企业的需求，智能制造服务工业互联网环境的工作原理如下。

第一，在工业智能制造领域，物联网技术被广泛应用以实现智能制造服务资源的接入。利用 RFID 和传感器等物联网相关技术，各参与方的智能制造服务要素得以互联互通，并成功连接至智能制造服务大数据系统平台。此举实现了对服务企业、制造业企业和终端用

户的全方位连接，为智能制造服务资源的有效管理奠定了基础。

第二，工业云平台也扮演着管理智能制造服务资源的重要角色。通过云计算技术，设备接入验证及数据传输通道得以建立，为数据采集、存储和分析等服务提供了支持。多源的大数据被统一为 HDFS 系统文件，并储存在 NoSQL 数据库或者 NewSQL 数据库中，为工业大数据的存储与管理提供了可行的方案与机制。

第三，工业大数据分析成为优化智能制造服务资源的关键环节。建立面向智能制造服务流程的工业大数据分析系统，通过 MapReduce 及其相关技术对各类智能制造服务数据进行算法设计，以满足不同主题的决策需求。这一过程将为各参与方提供实时、专业化的决策支持，为智能制造服务的高效运作提供保障。

第四，智能制造服务资源的决策与优化，离不开工业大数据的智能决策支持。通过智能算法库优化各类智能制造服务流程或功能，并通过智能客户端或智能移动终端为异地的相关人员提供多维度的决策服务。这一过程将进一步提升智能制造服务的效率与质量。

第五，工业 App 的集成为智能制造服务资源的动态集成提供了有效途径。设计 App 应用程序，根据智能制造服务集成方案调度对应的 App 软件，实现智能制造服务的灵活集成，并为其运作提供支撑。这一步骤将推动智能制造服务的普及与应用，促进智能制造的发展与进步。

（二）工业互联网环境下的智能制造服务流程纵向集成方案

在工业互联网环境下，智能制造服务流程的纵向集成旨在将智能产品融入服务流程，以提供给终端用户更为高效的服务。这种集成涉及服务创新，因此，在智能化运作环境中，对服务流程进行多目标优化尤为关键。结合工业互联网环境和智能生产基础，可以有效实现智能制造服务流程的纵向集成。

在智能制造服务流程的构建阶段，重点在于智能制造服务流程模块的管理和优化。企业可自主管理智能制造服务流程模块，或委托智能制造服务平台进行管理。而服务流程的优化则需要领域专家的参与，以协同实现最佳效果。在运行阶段，主要关注实时监控和流程事件的管理。借助物联网支持，能够有效控制服务流程的运行，并建立流程事件处理机制，以确保服务顺利进行。

智能制造服务流程的纵向集成方案包括建模工具、模块组件管理、验证工具、企业服务总线和协议层等。通过模块组件管理提供可配置的模式，使用建模工具完成智能制造服务流程模块的建模，并实时辅助验证工具进行建模。在运行时，依据配置模式，生成智能制造服务流程模块，并通过企业服务总线运行，实现流程之间的互操作。

在纵向集成的构建阶段，智能制造业企业可利用集成模式库确定集成模式，并进行集成规划。通过建模工具进行集成建模，并分析性能，验证工具实时计算并反馈集成结果。最后，通过算法库选出优化算法，实现最佳配置。纵向集成是一个逐步演化的过程，需要综合考虑各方面的因素，以达到最佳效果。

在部署阶段，主要在涉及的服务企业、制造业企业和终端用户之间部署企业服务总线。部署方式可以采用集中式或分布式部署，以支持智能制造服务流程的顺利进行。在运行阶段，各个服务流程模块准备就绪，实时接收消息，并且可以根据需要重新配置部署，不会影响其他模块的运行。

智能制造服务流程的纵向集成方案实现了服务流程模式的集成，通过配置方式对信息处理过程进行建模，实现了服务化调用，简化了服务总线的构建和路由变更过程，为智能制造服务流程的纵向集成提供了有效支持。

二、基于 Petri 网的智能制造服务流程纵向集成策略

智能制造服务流程纵向集成的 Petri 网建模与分析在现代制造业中占据着重要地位，它为实现制造过程的自动化、信息化和智能化提供了强有力的理论支持和技术手段。以下将从 Petri 网基础、智能制造服务流程的 Petri 网模型构建以及纵向集成流程的 Petri 网分析三个方面展开探讨。

（一）Petri 网基础

Petri 网作为一种数学工具，主要用于描述和分析并发、异步、分布式系统的动态行为。它由库所（Places）、变迁（Transitions）、有向弧（Arcs）以及令牌（Tokens）等要素组成。库所表示系统中的状态或条件，变迁表示系统中事件或活动的发生，有向弧定义了库所与变迁之间的依赖关系，而令牌则用于标识库所中的状态是否满足变迁发生的条件。在智能制造领域，Petri 网因其直观性、灵活性和强大的分析能力而得到广泛应用。

智能制造系统通常涉及多个环节和子系统的协同工作，这些环节和子系统之间的交互关系复杂多变。Petri 网作为一种图形化的建模工具，能够清晰表达智能制造系统中各个环节的状态和事件，以及它们之间的逻辑关系。此外，Petri 网还支持对系统性能进行分析和优化，为智能制造系统的设计和运行提供了有力的支持。

（二）智能制造服务流程的 Petri 网模型构建

在构建智能制造服务流程的 Petri 网模型时，需要首先明确服务流程的具体内容和要求。一般来说，智能制造服务流程包括订单接收、生产计划、物料采购、生产加工、质量检测、物流配送等多个环节。这些环节之间存在着复杂的依赖关系和交互过程，需要通过 Petri 网进行建模和分析。

在模型构建过程中，可以根据服务流程的实际情况选择合适的建模方法。一种常用的方法是基于活动图或流程图将服务流程转化为 Petri 网模型。首先，将服务流程中的各个环节映射为 Petri 网中的库所，表示各个环节的状态或条件；其次，将各个环节之间的交互过程映射为 Petri 网中的变迁，表示事件的发生或活动的执行；最后，通过有向弧连接

库所和变迁，形成完整的 Petri 网模型。

在构建好 Petri 网模型后，还需要对模型的属性和特征进行分析。这包括模型的可达性、有界性、安全性、活性等属性以及模型的并发性、异步性、分布式等特征。这些属性和特征的分析有助于了解智能制造服务流程的动态行为和性能表现，为后续的流程优化和控制提供依据。

（三）纵向集成流程的 Petri 网分析

纵向集成流程是指智能制造服务流程中各个环节之间的垂直整合和协同工作。通过 Petri 网对纵向集成流程进行分析，可以深入了解流程中的"瓶颈"和问题，为流程优化和控制提供有力支持。

在流程性能分析方面，Petri 网可以帮助计算流程的平均响应时间、吞吐量、资源利用率等性能指标。这些指标能够直观地反映流程的运行状态和性能表现，为流程优化提供依据。此外，Petri 网还支持对流程中的关键路径和"瓶颈"环节进行识别和分析，为制定针对性的优化措施提供指导。

在流程优化与控制策略方面，Petri 网可以提供多种优化和控制手段。例如，通过调整 Petri 网模型中的变迁触发条件和优先级，可以改变流程中事件的执行顺序和频率，从而实现流程的优化。此外，Petri 网还支持对流程进行实时监控和动态调整，确保流程在实际运行过程中能够保持高效、稳定的状态。

在纵向集成流程的分析过程中，还需要注意这些方面：首先，充分考虑智能制造系统的复杂性和动态性，确保 Petri 网模型能够准确反映系统的实际情况；其次，注重对流程中各个环节之间的依赖关系和交互过程进行深入分析，找出流程中的"瓶颈"和问题所在；最后，结合实际情况制定具体的优化和控制策略，确保策略的有效性和可行性。

总之，智能制造服务流程纵向集成的 Petri 网模型构建与分析是一项复杂而重要的工作。通过构建 Petri 网模型并对其进行深入分析，可以深入了解智能制造服务流程的动态行为和性能表现，为流程优化和控制提供有力支持。在未来的研究中，可以进一步探讨 Petri 网在智能制造领域的其他应用场景和扩展功能，为智能制造的发展做出更大的贡献。

第四节 工业大数据驱动的智能制造服务系统构建

在全球制造业智能化推进的背景下，制造业与服务业融合成为焦点。《中国制造 2025》将生产性服务与服务型制造作为智能制造的核心内容之一，凸显了制造服务的重要性。制造服务涵盖了生产性服务与制造服务化，前者为制造业企业提供中间性服务，后者则为终端用户提供产品服务系统。随着工业互联网与人工智能的广泛应用，制造服务更加智能化，成为智能制造服务的重要组成部分。工业大数据的应用进一步加速了智能制造服务的发展，通过促进数据的自动流动，解决了控制和业务问题，为智能制造服务运作提供了更多决策支持。此外，模块化思想的应用为产品设计与制造提供了便利，为智能制造服务系统构建提供了更加灵活的组装方式。

工业大数据的深度应用促进了制造业的智能化、服务化和绿色化，在产品设计、智能生产和智能运维等方面取得了显著成果。同时，基于工业大数据的服务型制造运作、制造服务化价值创造以及制造服务管理与决策等理论的提出，为制造服务领域的发展奠定了理论基础。制造服务研究对工业大数据的依赖日益增强，工业大数据在制造与服务各类业务现场的获取、产品与服务的设计规划以及生产与运作过程的监控中都发挥着重要作用。然而，目前的技术虽然在具体业务场景中得到验证，但针对智能制造服务系统的顶层设计仍然欠缺。

人工蜂群算法作为一种模拟蜜蜂采蜜过程的优化方法，由于其局部寻优性能和较快的收敛速度而被广泛用于制造业的车间调度、生产计划、物流配送等领域。其优势在于简单易实现，无须复杂参数调节。特别是在云制造服务组合优选中表现突出，能够有效地优化复杂制造任务中的服务组合，提升整体服务质量指标。

为了推动智能制造服务系统的构建，提出了工业大数据驱动的智能制造服务系统构建模式。该模式以模块化方法构建智能制造服务系统，以满足终端用户的需求。同时，在工业大数据环境下，结合智能制造服务组合优选问题与模块化方法，建立了智能制造服务模块组合优选模型。为解决智能制造服务系统构建过程中的智能制造服务模块组合优选问题，提出了一种基于反向学习的改进遗传蜂群算法。这一模型和算法的提出，为智能制造服务系统的构建提供了新思路和方法，有望推动智能制造服务领域的发展。

一、基于工业大数据的智能制造服务活动分析技术

在智能制造的范畴中，制造业与服务业实现了一种深度融合，形成了智能制造服务活动的新型模式。这一模式以服务企业、制造业企业以及终端用户为核心主体，将人工智能技术有机融入具体业务活动中，从而创造了大量的工业大数据资源，这些数据成为智能制造服务运营的基石。智能制造服务运营的核心挑战在于针对具体的制造服务需求构建相应的智能制造服务系统。这一系统可以将智能制造服务活动拆分为若干模块，每个模块负责执行具体的业务活动。通过模块化技术设计制造服务方案，并从中选择并组合所需的模块，最终构建完整的智能制造服务系统，以支持智能制造服务的顺畅运行。

智能制造服务活动的大数据主要包括制造数据和服务数据。制造数据涵盖了从机器数据、车间数据、企业数据到产品数据、生产数据以及质量数据等多个方面，在新工业革命的技术改造中积累而成，通过大数据分析可支持制造业企业的各项决策。服务数据则包括

服务事件数据、服务规则数据、服务对象数据以及服务员工数据等，围绕服务企业的业务活动形成历史数据，同样通过大数据分析可支持服务企业的决策制定。

在智能制造服务活动中，工业大数据表现出明显的规模性、多样性和高速性三大特征。规模性体现在参与主体的数量庞大，无论是服务企业、制造业企业还是终端用户，均在系统运行中呈现大规模增长的趋势，数据体量每年可达数万TB。多样性体现在数据类型的多元化，涵盖了结构化数据、半结构化数据以及非结构化数据等多种形式。高速性体现在决策的实时性要求上，尤其是生产状态监控数据需要实时反馈和处理。因此，智能制造服务活动具备工业大数据的规模性、多样性和高速性特征，通过工业大数据分析可以充分挖掘其数据的价值。

智能制造服务活动的大数据具有复杂的结构、庞大的数量和多样的数据类型，因此，海量服务数据的有效管理需要借助工业大数据技术的支持，包括数据的采集与存储等方面。制造数据与服务数据在大数据层面开始实现统一，并相互关联共享，形成了一种全新的数据格局，这为智能制造服务的智能化提供了坚实的基础。

（一）智能工厂活动大数据分析

智能工厂活动大数据分析的关键在于对制造过程中所涉及的各项资源数据进行全面而系统的收集与分析。这种分析基于工业物联网的数据采集系统，针对数字化车间中的机器设备、生产线、操作员工等基础设施，利用传感器感知设备运行数据，进行机器设备状态的表征、异常侦测、状态预测以及维护选择等活动的大数据分析。这样的分析为智能制造业企业提供了基于数据的决策支持，有助于优化制造流程、提高生产效率。

（二）智能生产活动大数据分析

智能生产活动大数据分析则聚焦于生产过程中的各项活动，包括产品设计、产品加工、产品装配等环节。通过工业物联网及传感器感知生产活动的实时数据，进行产品设计的智能优化、产品工艺特征的提取、产品加工状态的监控以及装配规则的集成等分析活动。这种分析为制造业企业和终端用户提供了决策支持，有助于提升产品质量，降低生产成本。

（三）智能服务活动大数据分析

智能服务活动大数据分析涉及服务过程中的各个要素，包括服务对象、服务过程、服务人员等。通过工业物联网及传感器感知服务要素的运作数据，进行服务特征的自动识别、服务设计数据的提取、服务流程知识库的管理以及服务资源库的管理等分析活动。这样的分析为服务企业和终端用户提供了数据支持，有助于提升服务质量，提高客户满意度。

二、面向工业大数据的智能制造服务系统模块化映射技术

智能制造服务系统模块化的实践，旨在根据终端用户的需求设计制造服务方案，并在

此基础上选择适当的智能制造服务活动，以形成智能制造服务系统。这一系统由产品模块和服务模块构成，旨在灵活地满足不同粒度的需求动态划分，以支持服务企业和制造业企业的功能实现。为此，智能制造服务活动的大数据得以运用，以支持智能制造服务活动的模块化。

智能制造服务系统的核心在于满足终端用户的产品与服务需求，并在交互流程中持续改进用户体验。这一系统的构建可以涵盖智能产品、智能服务以及产品服务系统等多个方面。其核心组成为智能制造服务模块，包括产品模块和服务模块，其中，每个智能制造服务模块都是若干智能制造服务活动的组合。智能制造服务系统模块化的映射过程在于初步建模分析系统模块化，描述核心步骤的转换机制，并突出模块化的基本转换，为后续定量分析提供数学分析基础。

面向工业大数据的智能制造服务系统模块化过程依赖各类大数据支持，以实现智能制造服务的有效运作。基于公理设计，将智能制造服务系统模块化过程划分为用户域、功能域、制造服务域、流程域和交付域五个域。在每个域内定义相关要素，并制定相邻两个域之间的映射关系，以构建智能制造服务系统。这些映射关系包括方案映射、功能映射、流程映射和集成映射，分别用于确定系统方案、进行模块划分、实现模块和集成系统。

（一）用户域

用户域是智能制造服务系统中的重要组成部分，其主要职责是确定终端用户的个性化需求并响应市场的需求变化。用户域通过订单大数据挖掘分析来管理用户需求，并生成需求规格表，以统一模式描述产品与服务规格。这一过程确保了在动态需求变化中可以制定相应的产品与服务战略，以满足用户的需求。因此，用户域的有效运作对于整个智能制造服务系统的成功来说至关重要。

（二）功能域

在功能域中，系统核心功能的设计是关键。功能域负责确定智能制造服务系统的核心功能方案，结合实体产品功能与虚拟服务功能，制定满足需求的功能计划表，并确立功能计划表与需求规格表之间的映射关系。通过分解功能计划表为产品功能与服务功能，并利用智能设计大数据定义具体的功能方案，功能域确保了系统功能的完善与贴合用户需求。

（三）制造服务域

制造服务域的职责在于确定产品结构与服务逻辑，划分功能方案的模块，并建立模块表与功能计划表的关系。制造服务模块表包含产品模块与服务模块，通过智能匹配大数据定义智能制造服务系统的模块配置，确保系统可以高效运转，并提供优质的服务。

（四）流程域

流程域负责确定智能制造服务模块的实现方法，包括产品制造与服务规划。其重点在于制定模块调度表，并确立模块调度表与制造服务模块表的映射关系。模块调度表包含产品制造决策与服务规划决策，以智能生产大数据定义智能制造服务模块的调度策略，从而实现生产流程的高效调度与资源分配。

（五）交付域

交付域确定智能制造服务系统交付给终端用户的计划方案。在智能制造服务模块集成为智能制造服务系统之后，按照计划方案进行交付。交付域制定系统交付表，并建立系统交付表与模块调度表的映射关系，同时，利用智能服务大数据定义智能制造服务系统的运行状态，确保系统可以稳定运行并持续提供优质服务。

三、工业大数据环境下的智能制造服务模块组合优选技术

在当今日益复杂和高度信息化的制造环境中，智能制造服务模块的组合优选成了提高制造效率和响应市场变化能力的关键。智能制造服务模块是指一系列能够支持制造过程智能化、自动化的软件、硬件和服务功能的集合。这些模块在制造过程中扮演着不同的角色，如数据分析、工艺规划、设备监控等。因此，如何根据具体需求和条件，从众多的服务模块中挑选最优的组合，成为智能制造领域的重要研究课题。

第一，智能制造服务模块组合优选对于提高制造效率具有重要意义。通过对不同模块的功能和性能进行评估和比较，选择出最适合当前生产任务的模块组合，可以确保制造过程的高效运行。这不仅可以减少生产过程中的资源浪费，而且可以提高产品质量和交货速度，从而增强企业的市场竞争力。

第二，智能制造服务模块组合优选有助于降低制造成本。在模块组合选择的过程中，考虑到不同模块的成本差异和性能差异，可以选择出成本效益最高的模块组合。这不仅可以降低企业的初期投资成本，还可以降低后期维护和运营成本，从而为企业带来长期的经济效益。

第三，智能制造服务模块组合优选还能够提高制造系统的灵活性和可扩展性。随着市场需求的不断变化和技术的不断发展，制造系统需要不断地进行升级和改造。通过选择具有通用性和可扩展性的服务模块进行组合，可以确保制造系统能够快速地适应新的需求和挑战，保持持续的竞争力。

综上所述，智能制造服务模块组合优选对于提高制造效率、降低制造成本以及增强制造系统的灵活性和可扩展性具有重要意义。因此，研究和发展智能制造服务模块组合优选技术，对于推动智能制造领域的发展具有重要的现实意义和深远的发展前景。

（一）工业大数据环境下智能制造服务模块组合优选

1.智能制造服务模块库构建

智能制造服务模块库的构建是组合优选技术的基础。模块库是存储和管理各种智能制

造服务模块的集合，它应该具备模块信息的全面性和准确性。在构建模块库时，首先需要对市场上的各种智能制造服务模块进行调研和分析，了解其功能、性能、成本以及适用范围等信息。然后，将这些信息以标准化的方式存储在模块库中，以便后续的查询和调用。

模块库的构建还需要考虑模块的分类和标识。通过对模块的功能和性能进行分类，可以方便用户根据具体需求快速定位到合适的模块。同时，为每个模块分配唯一的标识符，可以确保在模块组合过程中不会出现混淆和误操作。

在模块库的管理方面，需要建立完善的维护机制。随着技术的发展和市场的变化，新的智能制造服务模块会不断出现，而旧的模块可能会被淘汰或更新。因此，需要定期对模块库进行更新和维护，确保其中的信息始终保持最新和准确。

模块库的构建不仅仅是一个技术问题，更是一个管理问题，只有建立完善的模块库管理机制，才能确保模块库的高效运行和持续发展。

2. 组合状态数据集合

在智能制造服务模块组合优选过程中，组合状态数据集合的建立是至关重要的一步。组合状态数据集合是指记录各种模块组合在不同状态下的性能表现的数据集合。这些数据包括但不限于生产效率、质量合格率、设备故障率等关键指标。通过对这些数据进行分析和比较，可以评估不同模块组合的性能优劣，为组合优选提供有力的数据支持。

在建立组合状态数据集合时，需要考虑到各种可能的组合状态。由于智能制造服务模块的数量众多且功能各异，因此，可能的组合状态也是极其复杂的。为了全面覆盖各种可能的情况，需要采用多种方法和技术来生成和收集数据。例如，可以通过实验模拟、实际运行测试以及历史数据回顾等方式来获取数据。

同时，在数据的处理和分析方面也需要采用科学的方法。由于数据量庞大且复杂度高，因此，需要采用先进的数据挖掘和机器学习技术来提取有用的信息并进行深度分析。这不仅可以提高数据处理的效率和准确性，还可以发现隐藏在数据背后的规律和趋势。

通过建立完善的组合状态数据集合并进行科学的数据分析，可以为智能制造服务模块组合优选提供有力的数据支持。这不仅可以提高组合优选的准确性和可靠性，而且可以为后续的模块改进和升级提供重要的参考依据。

3. 智能制造服务模块组合任务

智能制造服务模块组合任务是指根据具体需求和条件，从模块库中选择合适的模块进行组合以完成特定制造任务的过程。这个过程需要考虑多个方面的因素，如任务需求、模块功能、性能要求以及成本预算等。

在组合任务开始前，需要明确任务的具体需求和目标。这包括了解任务的类型、规模、时间要求以及质量要求等信息。然后，根据这些信息从模块库中选择出符合要求的模块进行组合。在选择模块时，需要综合考虑模块的功能、性能以及成本等因素，确保所选模块能够满足任务的需求并具有良好的性价比。

在模块组合过程中，还需要考虑到模块之间的兼容性和协同性。由于不同模块可能来自不同的供应商或具有不同的技术标准和接口规范，因此，需要进行充分的测试和验证以确保模块之间的顺畅协作。这可以通过搭建实验平台或进行实际运行测试等方式来实现。

4. 智能制造服务模块组合优选方法

智能制造服务模块组合优选方法是指在给定任务需求下，从模块库中选取合适的模块，并以最优的方式进行组合的一套系统化和科学化的方法。这个过程涉及对模块功能、性能、成本以及组合方式等多方面的综合考虑，旨在实现制造过程的高效、低耗和高质量。

（1）组合优选方法需要明确任务需求和目标。这是进行模块选择和组合的前提。在明确了任务需求后，需要对模块库中的模块进行筛选，选择出符合任务需求的模块。筛选过程中，可以运用模糊匹配、关键词搜索等技术手段，快速定位到符合条件的模块。

（2）组合优选方法需要评估模块的性能和成本。在筛选出符合需求的模块后，需要对这些模块的性能和成本进行评估。这包括对模块的功能实现能力、稳定性、可靠性、可扩展性等方面的评估，以及对模块的价格、维护成本、使用寿命等方面的评估。评估过程中，可以采用多目标决策分析、层次分析法等方法，综合考虑多个指标，确保评估结果的准确性和客观性。

（3）组合优选方法需要考虑模块之间的协同性。在确定了符合条件的模块后，需要考虑这些模块之间的协同性。由于不同模块可能具有不同的技术标准和接口规范，因此，需要确保这些模块能够顺畅地协作，共同完成制造任务。这可以通过对模块进行接口测试、兼容性测试等方式来实现。

（4）组合优选方法需要采用优化算法来确定最优的模块组合方式。在确定符合需求和条件的模块后，需要采用优化算法确定最优的模块组合方式。这可以通过建立数学模型，运用遗传算法、粒子群算法等优化算法来求解。优化算法的目标是在满足任务需求的前提下，实现模块组合的成本最低、性能最优。

在智能制造服务模块组合优选过程中，还需要注意以下问题：首先，要充分考虑模块的可扩展性和可维护性。在选择模块时，要考虑到模块的可扩展性和可维护性，以便后续能够方便地进行升级和维护。其次，要注重模块的通用性和标准化。通用性和标准化可以降低模块之间的耦合度，提高系统的灵活性和可重构性。因此，在选择模块时，要尽可能选择通用性强、标准化程度高的模块。最后，要注重模块组合的动态性和自适应性。由于制造过程中可能会遇到各种不确定性和变化性，因此，模块组合需要具有一定的动态性和自适应性，以便能够快速地适应新的需求和挑战。

（二）工业大数据环境下智能制造服务模块组合优选问题建模

在数字化、网络化和智能化的现代工业环境中，智能制造服务模块的组合优选问题日益凸显其重要性。该问题主要涉及在复杂的工业大数据背景下，如何从众多的服务模块中挑选出最合适的组合，以支持特定的智能制造任务。这些服务模块可能包括生产线的自动化控制、物料管理、设备维护等各个方面，它们共同构成了智能制造系统的核心组成部分。

具体而言，智能制造服务模块组合优选问题需要考虑多个方面。首先，服务模块之间的兼容性是必须考虑的因素，不同的模块之间需要能够顺畅地协作，才能确保整个系统的稳定运行。其次，服务模块的性能也是重要的评价指标，包括其处理速度、准确性、稳定性等方面。最后，还需要考虑服务模块的成本、可用性以及可信度等因素，以确保在有限的资源条件下，能够选择性价比最高、最可靠的模块组合。

针对这一问题，需要构建一个数学模型，将上述各种因素综合考虑在内，以便能够找到最优的服务模块组合。这个模型不仅需要能够处理复杂的工业大数据，还需要能够应对各种不确定性因素，如设备故障、物料短缺等。通过这样的模型，可以为智能制造系统的设计和优化提供有力的支持。

1. 智能制造任务分解

在解决智能制造服务模块组合优选问题之前，首先需要对智能制造任务进行详细的分解。智能制造任务通常是一个复杂的过程，包含多个子任务和环节。通过任务分解，可以将复杂的任务拆分成若干个相对独立、易于管理的子任务，从而降低问题的复杂性。

任务分解的过程需要依据智能制造系统的实际需求进行。一般来说，可以将智能制造任务按照工艺流程、功能模块或时间顺序进行分解。例如，在一条汽车生产线上，可以将整个生产流程分解为冲压、焊接、涂装、总装等多项子任务；在每项子任务中，又可以进一步细分为设备控制、物料管理、质量检测等更具体的环节。

任务分解的结果将直接影响后续服务模块的选择和组合。通过明确每项子任务的具体需求和约束条件，可以更有针对性地选择合适的服务模块，并确保它们之间的兼容性。此外，任务分解还有助于更好地理解智能制造系统的整体结构和运行机制，为后续的优化和改进提供基础。

2. 智能制造服务模块候选集构建

在智能制造任务分解的基础上，需要构建智能制造服务模块的候选集。这个候选集包括了所有可能用于支持智能制造任务的服务模块，它们可能来自不同的供应商，具有不同的功能和性能特点。

为了构建服务模块候选集，需要对市场上的各种服务模块进行调研和分析。这包括了解不同模块的功能、性能、价格、可靠性等方面的信息；同时，还需要考虑模块之间的兼容性和可替换性等因素。通过收集这些信息，可以初步筛选出符合智能制造任务需求的服务模块，并将它们纳入候选集。

候选集的构建是一个动态的过程，随着市场和技术的不断发展，新的服务模块会不断出现。因此，需要定期对候选集进行更新和调整，以确保其始终保持最新、最全面的状态。同时，还需要对候选集中的服务模块进行持续的评估和优化，以确保它们能够满足智能制造系统的实际需求。

3. 服务时间、成本、可用性与可信度指标定义

在智能制造服务模块组合优选问题中，服务时间、成本、可用性和可信度是四个重要的评价指标。这些指标将直接影响服务模块的性能和整体服务质量。

服务时间是指服务模块完成特定任务所需的时间长度。对于智能制造系统来说，服务时间越短，意味着系统的响应速度越快，生产效率越高。因此，在选择服务模块时，需要重点关注其服务时间指标，确保所选模块能够满足系统的实时性要求。

成本是另一个重要的评价指标。在选择服务模块时，不仅要考虑其购买成本，而且需要考虑其运行和维护成本。通过综合考虑各种成本因素，可以选择性价比最高的服务模块组合。

可用性是指服务模块在需要时能够正常工作的概率。对于智能制造系统来说，服务模块的可用性直接影响到系统的稳定性和可靠性。因此，在选择服务模块时，需要关注其历史运行数据和维护记录等信息，以确保所选模块具有较高的可用性。

可信度是指服务模块提供的信息或数据的准确性和可靠性。在智能制造系统中，各种传感器和控制器等模块会不断产生大量的数据，这些数据将直接影响到系统的决策和控制。因此，在选择服务模块时，需要关注其数据来源和处理方式等信息，以确保所选模块提供的数据具有较高的可信度。

4. 归一化处理与整体服务质量计算

为了对智能制造服务模块进行综合评估和比较，需要对服务时间、成本、可用性和可信度等指标进行归一化处理。归一化处理是一种常用的数据处理方法，它可以将不同量纲、不同单位的数据转化为同一尺度下的无量纲值，便于进行后续的计算和分析。

具体来说，可以根据每个指标的实际取值范围和重要性程度，为其设定一个合理的归一化函数。例如，对于服务时间指标，可以采用线性归一化方法，将其转化为 0 ~ 1 之间的无量纲值；对于成本和可用性指标，可以采用非线性归一化方法，以更好地反映指标的实际影响。

归一化处理完成后，就可以计算每个服务模块的整体服务质量了。整体服务质量是一个综合评价指标，它综合考虑了服务时间、成本、可用性和可信度等多个因素。为了计算整体服务质量，可以为每个指标设定一个权重，然后将归一化后的指标值与其对应的权重相乘，最后将所有乘积相加得到整体服务质量得分。

权重的设定需要根据具体的智能制造任务和需求来确定。一般来说，对于实时性要求较高的任务，服务时间的权重会相对较高；对于成本敏感的任务，成本的权重会相对

较高。此外，还需要考虑不同指标之间的相互影响和制约关系，以确保权重的设定合理、科学。

在计算整体服务质量时，还需要注意一些特殊情况。例如，当某个服务模块在某一指标上表现极差时，即使其他指标表现良好，其整体服务质量也可能受到严重影响。因此，需要设定一些合理的阈值或限制条件，以确保所选服务模块在各个方面都能达到一定的要求。

此外，还需要考虑服务模块之间的组合效应。在实际应用中，不同的服务模块组合可能会产生不同的整体效果。因此，需要对不同的服务模块组合进行模拟和测试，以找到最优的组合方案。这可以通过建立仿真模型或搭建实验平台来实现。

（三）智能制造服务模块组合优选算法

在智能制造领域，服务模块的组合优选是提升生产效率、降低成本的关键环节。随着制造业向数字化、网络化、智能化方向发展，如何高效、准确地选择最优的服务模块组合成为研究的热点。一种新型的智能制造服务模块组合优选算法——基于反向学习的改进遗传蜂群算法（IGBCOL），该算法融合了遗传算法的全局搜索能力和人工蜂群算法的局部搜索优势，并引入了反向学习策略，以提高算法的收敛速度和解的质量。

IGBCOL算法是在传统遗传算法和人工蜂群算法基础上发展而来的一种混合优化算法。遗传算法通过模拟生物进化过程中的遗传、变异等机制，实现全局搜索；而人工蜂群算法则模拟蜜蜂觅食行为，通过雇佣蜂、观察蜂和侦察蜂的协同工作，实现局部搜索。IGBCOL算法在遗传算法的框架下，引入人工蜂群算法中的搜索策略，并通过反向学习策略增加搜索的多样性，以期在保持全局搜索能力的同时，提高算法的局部搜索效率。

1. 食物源编码方法

在IGBCOL算法中，服务模块组合被抽象为食物源，每个食物源代表一种可能的服务模块组合方案。为了有效地表示这些组合，我们采用了一种基于二进制编码的食物源编码方法。具体而言，每个食物源由一个二进制字符串表示，字符串的长度等于服务模块的数量，字符串中的每一位对应一个服务模块，1表示选择该模块，0表示不选择。这种编码方式能够直观、简洁地表示服务模块的组合情况，便于后续的遗传操作和搜索策略的实现。

2. 反向学习策略

反向学习策略是IGBCOL算法中的一大创新点。在遗传算法和人工蜂群算法中，通常是通过随机初始化或基于历史信息的启发式搜索生成新的解。然而，这种搜索方式往往存在搜索效率低下、易陷入局部最优等问题。为了解决这些问题，IGBCOL算法引入了反向学习策略。具体而言，在生成新解时，算法不仅考虑正向的搜索方向（基于历史信息的启发式搜索），还考虑反向的搜索方向（基于当前解的相反方向进行搜索）。这种反向学习策略能增加搜索的多样性，避免算法过早收敛于局部最优解。

3. 雇佣蜂与观察蜂搜索策略

在 IGBCOL 算法中，雇佣蜂和观察蜂分别负责不同的搜索任务。雇佣蜂主要负责在当前食物源附近进行精细搜索，以寻找更好的解。具体而言，雇佣蜂会对其当前食物源进行邻域搜索，通过交换二进制编码中的某些位来生成新的食物源，并评估新食物源的适应度值。如果新食物源的适应度值优于当前食物源，则更新当前食物源；否则，保持当前食物源不变。观察蜂则负责在全局范围内进行搜索，以发现潜在的更优解。观察蜂会随机选择一个食物源进行搜索，其搜索方式与雇佣蜂类似。当观察蜂找到一个适应度值更好的食物源时，会将其与雇佣蜂的当前食物源进行交换，以实现信息的共享和更新。

4. 侦察蜂探索策略

在 IGBCOL 算法中，侦察蜂扮演着探索新领域、避免算法陷入局部最优的重要角色。当某个食物源的适应度值在一段时间内没有明显改善时，会触发侦察蜂的探索机制。此时，侦察蜂会放弃当前食物源，随机生成一个新的食物源进行搜索。这种探索策略有助于算法跳出局部最优解的陷阱，发现潜在的更优解。同时，为了避免算法在搜索过程中陷入无意义的随机漫游状态，IGBCOL 算法对侦察蜂的探索行为进行了限制和约束。具体而言，侦察蜂在生成新食物源时，会参考历史搜索信息和当前搜索状态，以确保新食物源具有一定的质量和搜索价值。

IGBCOL 算法通过融合遗传算法和人工蜂群算法的搜索机制，并引入反向学习策略，实现了对智能制造服务模块组合优选问题的有效求解。具体而言，IGBCOL 算法首先通过随机初始化生成一组初始食物源（初始解）；然后，利用雇佣蜂和观察蜂的搜索策略对当前食物源进行迭代优化；在搜索过程中，算法会实时评估每个食物源的适应度值，并根据适应度值的大小对食物源进行排序和选择；当某个食物源的适应度值长时间没有改善时，会触发侦察蜂的探索机制，以发现新的更优解；最后，算法会输出一组适应度值最优的食物源作为最优解集。通过这种方法，IGBCOL 算法能够在保持全局搜索能力的同时，提高局部搜索效率，从而实现对智能制造服务模块组合优选问题的快速、准确求解。

第六章 智能制造与数字经济的融合发展

随着全球信息技术的迅猛发展和数字化转型的深入推进，数字经济已经成为全球经济发展的新引擎。作为制造业转型升级的重要方向，智能制造以其高效、灵活、智能的生产方式，正在逐步引领制造业向更高层次发展。本章深入探讨智能制造与数字经济的融合发展，分析数字经济如何赋能智能制造、推动制造业的优化升级，并探讨在数字经济背景下，智能制造与知识产权机制的创新，以及5G技术在促进数字经济与实体经济融合中的作用。

第一节 数字经济赋能智能制造的新模式

传统制造业企业在权衡低成本与多样性时，往往倾向于选择前者作为最优策略。然而，在数字经济时代的大背景下，这一局面正在经历显著的转变，在于从传统的规模化生产模式逐渐转向个性化定制模式，这成了一种引人注目的革新。当前，数字经济作为中国经济增长的新原动力，其崛起之势越发显著。更为重要的是，数字经济正深刻影响传统制造业，并重塑其制造模式，成为推动制造业转型的关键力量。在此过程中，生产过程正朝着网络化、协同化和生态化的方向发展，这标志着数字经济演化的新趋势。

"数字经济赋能智能制造并非一蹴而就的质变过程，而是随着技术应用、发展理念和模式业态的革新而逐步演进，这也决定了制造业企业在推动数字化转型和赋能智能制造的路径转换中，需要付出高昂的转换成本。"[①] 尽管完全的个性化定制服务能够满足消费者的高度个性化需求，但其背后所需的巨大成本代价也不容忽视。因此，一种更为实际和可行的策略是探索一种将低成本优势与个性化定制优势相结合的适度规模定制模式，这种新模式可能成为未来制造业发展的新方向。

一、智能制造的新模式——适度规模定制

适度规模的出现与生产的规模报酬特征紧密相连，它反映了企业在生产要素投入与组

---

① 焦勇，刘忠诚. 数字经济赋能智能制造新模式——从规模化生产、个性化定制到适度规模定制的革新[J]. 贵州社会科学，2020（11）：148.

合的过程中，寻求产出效率最高、边际产出效率为零的最优状态。这一状态不仅要求企业能够充分利用固定投入的机器设备等不可分割要素，还要避免过度投入导致的要素拥挤效应和规模报酬递减。

适度规模定制是一种新型生产模式，它旨在结合大规模生产的规模经济优势和个性化定制的多样性优势，依托数字经济的力量，实现生产端与消费端的无缝对接。通过这种模式，企业可以在保持生产成本较低的同时，大幅提升产品的多样性，进而满足消费者日益增长的个性化需求。

具体来说，适度规模定制包括以下三个方面的内容。

第一，规模经济与个性化需求的结合。适度规模定制不是简单地追求生产规模的扩张，而是要在保持一定规模经济效应的基础上，通过柔性化生产、模块化设计等手段，实现产品的个性化定制。这样既可以降低生产成本，又可以满足消费者的个性化需求。

第二，数字经济的赋能。数字经济为适度规模定制提供了强大的技术支撑。通过大数据、云计算、物联网等技术的应用，企业可以实时获取消费者的需求信息，精准预测市场趋势，实现生产与需求的精准匹配。同时，这些技术还可以帮助企业优化生产流程、提高生产效率、降低生产成本。

第三，生产端与消费端的对接。适度规模定制强调生产端与消费端的直接对接。通过电子商务平台、社交媒体等渠道，企业可以直接与消费者进行沟通和互动，了解消费者的真实需求，提供定制化的产品和服务。这种直接对接的方式可以缩短产品从生产到消费的时间周期，提高市场的响应速度。

适度规模定制与这规模化生产和个性化定制既有联系又有区别，它借鉴了规模化生产的规模经济优势，同时融入了个性化定制的理念和技术手段。通过数字经济的赋能，适度规模定制可以在保持生产成本较低的同时实现产品的个性化定制，从而兼顾规模化生产和个性化定制的优点。

二、适度规模定制的时代背景

适度规模定制的兴起并非偶然，而是深深根植于当前全球制造业迅猛发展的时代背景下。它是制造业走向更高阶段，更加贴合市场需求与消费者期待的必然选择。

首先，从消费者层面来看，现代社会人们的生活日益多样化和个性化，消费者对产品的要求也从过去单一化、统一化转变为多样化和个性化。在这种消费观念的驱使下，适度规模定制应运而生。这种生产方式使企业能够根据消费者的具体需求，灵活调整生产线，生产满足个性化需求的产品，从而在市场上赢得更多消费者的青睐。

其次，从制造业发展角度来看，适度规模定制也是制造业转型升级的必然产物。传统的规模化生产方式虽然能够满足大众化的市场需求，但在面对多样化、个性化的市场需求时，却显得力不从心。而适度规模定制则能够很好地解决这一问题，它使企业能够在保证生产效率的同时，兼顾产品的个性化和差异化，从而更好地适应市场变化。

在适度规模定制模式下，制造业企业需要更加注重消费者的个性化需求和市场变化。这要求企业不仅要具备敏锐的市场洞察力，还要拥有强大的数据分析能力。通过大数据分析等手段，企业可以实时了解消费者的需求变化和市场趋势，从而快速做出反应，制定更加精准的生产计划和市场策略。

同时，适度规模定制也要求企业加强与供应商、员工和环境的协作与互动，企业需要与供应商建立紧密的合作关系，确保原材料的稳定供应；需要与员工建立良好的沟通机制，激发员工的创新精神和工作热情；还需要关注环境保护和可持续发展，确保生产活动对环境的影响最小化。这些都需要企业形成有机整体中的协同效应和竞争优势。

三、适度规模定制的经济基础

（一）超大规模市场孕育的基础

首先，超大规模市场为适度规模定制提供了广阔的空间和无限的可能性。在超大规模市场中，消费者需求的多样性和个性化日益凸显，这为制造业企业提供了生产多样化产品的市场基础。同时，超大规模市场中的消费者数量众多，使得即使是小规模的同质性消费市场也能汇聚成可观的市场份额，从而支撑起适度规模定制的生产模式。这种市场结构使得制造业企业可以通过适度规模定制，实现产品多样性与生产成本的平衡，在满足消费者个性化需求的同时保持较低的生产成本。

其次，超大规模市场能够稀释同质性产品对消费者的效用降低效应。在超大规模市场中，由于消费者数量众多且需求各异，即使是同质性产品也很难对每一位消费者产生相同的效用。因此，制造业企业可以通过适度规模定制，生产出具有一定差异性的产品，以满足不同消费者的需求。这种差异性不仅体现在产品的外观、功能等方面，还体现在产品的品质、价格等方面。

（二）数字化建设昂贵投入的制约

在数字经济时代，数字化建设是制造业企业实现智能制造和适度规模定制的必要条件。然而，数字化建设需要巨大的资金投入，包括数据采集、分析、应用等方面的投入，以及硬件设施数字化转型的投入。这些投入对于大多数制造业企业来说是一笔不小的负担。因此，在数字化建设初期，制造业企业需要在保证生产效率和产品质量的前提下，尽可能降低数字化建设的成本。

适度规模定制作为一种折中选择的生产模式，能够在一定程度上降低数字化建设的成本。通过适度规模定制，制造业企业可以在保持一定生产规模的基础上，实现产品的个性化定制。这种生产模式既可以满足消费者的个性化需求，又可以降低生产成本和数字化建设的投入。因此，在数字化建设昂贵投入的制约下，适度规模定制成为制造业企业实现智能制造和转型升级的可行选择。

（三）庞大低收入人群的消费根基

中国作为一个人口众多、经济发展不平衡的国家，存在庞大的低收入人群。这部分人群在收入稳步提升的同时，也存在着消费升级的发展过程。然而，由于收入水平的限制，昂贵的个性化定制服务并不是他们的现实选择。因此，制造业企业需要提供一种既能满足消费者个性化需求，又能保持较低价格水平的产品和服务。

适度规模定制正好符合这一需求。通过适度规模定制，制造业企业可以在保持产品多样性的同时，实现生产成本的降低和产品价格的控制。这种生产模式既可以满足消费者个性化需求，又可以保证产品的价格水平在低收入人群的承受范围内。因此，庞大低收入人群的消费根基为适度规模定制提供了广阔的市场空间和巨大的发展潜力。

四、数字经济赋能智能制造适度规模定制的维度

智能制造是指具有"自感知、自决策、自执行"等功能的先进制造总称，充分体现在信息技术与制造环节的深度融合，所以，数字经济是赋能智能制造的内在要求。数字经济赋能智能制造的适度规模定制的维度，主要包含"关键资源—产品设计—价值共创"和"连接模式—流程重塑—制造生态"的双层嵌套体系，共计六个维度。其中，第一层表达了资源→产品→价值的演进过程；第二层则表达了附属于第一层之上连接→流程→生态的演进过程，这种体系较为完整地概述了在数字经济赋能条件下智能制造的本质。

（一）关键资源

在数字经济背景下，智能制造适度规模定制的实现依赖于一系列关键资源，其中数据和智能终端无疑占据核心地位。这些资源不仅推动了制造业生产模式的变革，而且深刻影响了企业竞争策略和市场结构。

首先，数据资源在智能制造适度规模定制中发挥着至关重要的作用。随着生产模式由传统的规模化生产转向适度规模定制，数据不再仅仅是一种记录，而是成为一种能够直接参与和影响生产过程的资源。在生产过程中，数据的应用推动了制造业生产理念的质变，使得生产更加精准、高效和个性化。具体而言，通过对消费者个性化需求数据的收集和分析，企业能够更准确地把握市场趋势，推动模块化设计，以满足特定需求。这种基于数据的模块化设计不仅提高了生产效率，还大大增强了产品的市场竞争力和用户满意度。

其次，智能终端作为数据应用的重要载体，在智能制造适度规模定制中同样具有不可替代的地位。以芯片为核心的智能终端构成了智能制造人机互动、硬件与软件耦合以及生

产与需求匹配的关键资源。通过智能终端，企业能够实现对智能制造状态指标的实时监控，推动制造环节数据采集系统的蓬勃发展。同时，智能终端还能推动数据驱动的智能制造模块与单元的发展，进一步提升了智能制造的智能化水平和生产效率。

（二）产品设计

在数字经济赋能下，智能制造适度规模定制的产品设计也呈现新的特点和趋势。这种优化和创新主要体现在产品的功能定位设计、模块化设计和产品意象的反馈等方面。

首先，产品的功能定位设计在数字经济时代更加注重对消费者实时需求的追踪与了解。通过数字化手段，企业能够实时获取消费者的需求信息，并根据这些信息优化产品设计定位与产品功能。这种设计方式不仅提高了产品的针对性和实用性，而且大大增强了消费者的参与感和满意度。

其次，产品的模块化设计在智能制造适度规模定制中占据了重要地位。通过将产品制造分解为若干模块，企业能够更加灵活地应对市场需求的变化。对于通用零部件，可以通过规模化的内部市场或外部市场解决；对于定制零部件，则需要根据对需求市场的细分和归类，指导制造模块的智能生产。这种模块化设计不仅提高了生产效率和产品质量，而且大大降低了生产成本和库存风险。

（三）价值共创

在数字经济条件下，价值共创成为智能制造适度规模定制的重要特征。这种价值共创不仅体现在制造业企业与消费者之间的价值交换上，更体现在双方共同参与产品设计与制造的过程中。

首先，数字经济能够推动消费者参与产品设计、智能制造与售后服务的各环节。通过数字化手段企业能够实时获取消费者的需求和反馈信息，并据此调整和优化产品设计与生产方案。同时，消费者也能够通过数字平台参与到产品设计和制造过程中来提出自己的意见和建议，从而推动产品的不断改进和创新。这种共同参与和互动不仅增强了消费者的参与感和归属感，还提高了产品的市场竞争力和用户满意度。

其次，价值共创的本质是互利共生。在数字经济条件下，生产者与消费者不再是价值矛盾体而是价值共同体。双方通过共同参与产品设计与制造过程，实现价值共创并分享价值成果。这种互利共生的关系不仅促进了企业的可持续发展，也提高了消费者的满意度和忠诚度。

最后，数字经济能够高效地推动价值扭曲领域的纠偏。在传统制造业中，由于信息不对称和沟通不畅等原因往往会出现价值扭曲的现象，即生产者提供的产品或服务无法满足消费者的真实需求。而在数字经济条件下，通过实时数据收集和分析，企业能够更准确地把握消费者的需求和偏好，从而及时调整产品设计和生产方案，避免价值扭曲的发生。同时，消费者能够通过数字平台及时反馈自己的需求和意见，帮助企业不断改进产品和服务，提高企业市场竞争力。

（四）连接模式

在数字经济时代，连接模式成为推动智能制造适度规模定制的重要力量。数字经济通过提升连接效率、深化连接深度，实现了资源的高效配置和价值的最大化。

首先，要素间的充分连接是数字经济赋予智能制造新模式的基石。在传统制造模式下，数据往往被视为孤立的个体，难以充分发挥其价值。然而，在数字经济时代，数据与其他要素之间的联系被重新认知和挖掘，数据不再独立于其他要素而存在，而是通过与其他要素的相互作用和融合，共同参与到生产过程中。这种要素间的充分连接不仅提高了生产效率，而且促进了产品和服务的创新。

其次，生产者与消费者之间的连接也得到了极大的加强。数字经济通过智能载体实现了生产者与消费者之间的实时沟通，使得生产者能更加清晰地了解消费者需求的变化和趋势。这种连接不仅提高了生产者对市场的敏感度，而且使得消费者能够参与到产品设计和制造过程中来，实现个性化定制和满足特定需求。

最后，产品与需求之间的连接也变得更加紧密。数字经济通过大数据和云计算等技术手段，对消费者需求进行深入挖掘和分析，为产品设计和制造提供了更加精准和个性化的指导。同时，数字经济还通过物联网等技术手段实现了产品与消费者之间的实时互动和反馈，使得产品能够更好地满足消费者的需求和期望。

数字经济时代下的连接模式创新，不仅推动了智能制造适度规模定制的实现，还促进了产业结构的优化和升级。随着连接效率的提高和连接深度的加深，产业链上下游之间的协作和配合将更加紧密，形成更加高效和协同的产业生态。

（五）流程重塑

在数字经济的推动下，传统制造业的生产流程正经历着深刻的变革和重塑。这种流程重塑以供给对接需求为核心，形成了从"研发→售后"到"需求→制造"的流程再造，显著提升了智能制造的效率和灵活性。

首先，流程重塑改变了传统制造业微笑曲线的形态。在数字经济时代，制造环节同研发、设计、品牌、渠道、物流和售后等环节一样，都是重要的流程环节和高价值增值环节。这种变化使得制造业企业能够更加注重产品的创新和品质，同时，通过提升生产效率降低成本。

其次，流程重塑还推动了智能制造的智能化升级。在数字经济时代，智能制造不仅关注产品的制造过程，更加注重制造过程中的数据化和智能化。通过引入物联网、大数据、人工智能等先进技术，智能制造能够实现生产过程的实时监控和数据分析，从而优化生产流程和提高生产效率。同时，智能制造还能够实现生产过程的自动化和智能化控制，降低生产成本和提高产品质量。

最后，流程重塑还促进了产业链的协同和整合。在数字经济时代，产业链上下游企业之间的协作和配合将更加紧密。通过数字化平台和信息共享机制，产业链上下游企业能够实现信息的实时共享和协同作业，从而提高整个产业链的效率和竞争力。

（六）制造生态

数字经济不仅推动了智能制造流程的重塑和智能化升级，还促进了制造生态的构建与发展。这种制造生态以消费者需求为中心，强调各参与方的共生共赢和协同发展。

首先，制造生态的构建需要各参与方之间的紧密合作和协作。在数字经济时代，各参与方不再仅仅是竞合关系，而是转变为共生关系。这种共生关系要求各参与方具有共同的目标和使命，通过协同合作实现资源的共享和优化配置。

其次，制造生态的发展需要各参与方之间的互利共赢。在数字经济时代，各参与方之间的利益关系不再是简单的零和博弈，而是可以通过合作实现共赢。这种共赢关系不仅有利于各参与方的长期发展，而且有利于整个制造生态的稳定和繁荣。

最后，制造生态的构建和发展还需要政府的支持和引导。政府可以通过制定相关政策、提供资金支持等方式鼓励企业参与到制造生态中来，促进整个生态的健康发展。同时，政府还可以推动数字经济与传统制造业的深度融合发展，推动传统制造业向智能制造转型升级。

五、数字经济赋能智能制造适度规模定制的策略

（一）夯实数字制造发展根基

数字经济时代，数字制造成为推动制造业转型升级的核心力量。为了夯实数字制造的发展根基，需要采取以下策略。

首先，以数字化发展推动制造的模块化变革。模块化变革是智能制造的基础，通过将制造工序划分为若干制造模块和制造系统，可以在模块化与系统化的内部充分发挥规模经济优势。同时，运用数字经济充分推动模块与系统之间的智能化组合，实现制造过程的灵活性和高效性。这种模块化变革为适度规模定制提供了基础，使得制造业企业能够根据不同需求快速调整生产流程和资源配置。

其次，充分挖掘消费需求大数据。在数字经济时代，消费者需求数据成为驱动生产的重要力量。通过收集和分析消费者需求数据，制造业企业可以更加精准地了解消费者需求的变化和趋势，为个性化的生产提供强大支撑。这种精准化的需求追溯与分类不仅有助于提高生产效率，而且能够满足消费者的个性化需求，提升产品竞争力。

（二）推动适度规模定制发展

适度规模定制是智能制造的重要发展方向之一，它要求制造业企业在满足个性化需求

的同时,保持一定的生产规模和经济效益。为了推动适度规模定制的发展,需要采取以下策略。

首先,充分运用数据在智能制造中的作用。数据是智能制造的核心要素之一,它贯穿生产过程的始终。通过收集和分析生产数据、设备数据、质量数据等,制造业企业可以更加精准地掌握生产状况和产品质量,为适度规模定制提供有力支持。同时,运用大数据和人工智能等技术手段,制造业企业还可以实现生产过程的智能化管理和优化,提高生产效率和产品质量。

其次,推动制造业企业观念革新。在数字经济时代,制造业企业需要转变传统的生产观念,树立以消费者需求为中心的生产理念。企业家需要更加了解潜在的消费者与需求,深入市场研究,发现细分市场和小众市场的需求。

(三)厚植数字基础设施体系

数字基础设施是支撑数字经济和智能制造发展的重要基础,为了厚植数字基础设施体系,需要采取以下策略。

首先,政府需要多方面参与数字经济的基础设施投资。政府可以通过政策引导、资金扶持等方式,鼓励企业加大在数字基础设施领域的投资力度。同时,政府还可以与企业合作,共同推动数字基础设施的建设和发展。

其次,借助于新型基础设施建设的技术优势,加大在光纤宽带、物联网和5G基础设施领域的投资力度。这些新型基础设施不仅能够提升数据传输速度和稳定性,而且能够为智能制造提供更加智能化、高效化的服务支持。

再次,加快大数据中心和云计算中心的布局与体系化建设。大数据中心和云计算中心是数字经济和智能制造的重要支撑平台,它们能够为企业提供强大的数据存储、计算和分析能力。通过加快这些平台的布局和建设,可以为企业提供更加便捷、高效的服务支持。

最后,推动人工智能和工业互联网发展。人工智能和工业互联网是数字经济和智能制造的重要技术支撑,它们能够为企业提供智能化的生产管理和优化方案。通过推动这些技术的发展和应用,可以进一步提升制造业企业的生产效率和产品质量。

第二节 数字经济驱动制造业的优化升级

一、数字经济驱动制造业产业链空间布局的机制

(一)生产系统对接

数字经济驱动的新生产网络实现了生产系统的跨区域对接,这一变革是产业链空间布

局重构的行动前提。

首先，数字经济拓展了制造业产业链分工边界。在数字经济的推动下，制造业产业链的分工边界得到了极大拓展。传统的产业链分工往往受限于地理位置、资源禀赋和市场规模等因素，而数字经济通过信息技术和互联网的广泛应用，打破了这些限制，使得产业链各环节之间的协作更加灵活和高效。企业可以根据市场需求和自身优势，在全球范围内寻找合作伙伴，实现资源的优化配置和产业链的高效协同。

其次，数字经济重塑了制造业空间链特征。数字经济不仅拓展了制造业产业链分工边界，而且重塑了制造业空间链特征。传统的制造业空间链往往呈现出明显的地域性和层级性，而数字经济通过构建新型的生产网络，使得产业链各环节之间的连接更加紧密和高效。企业可以更加灵活地选择生产地点和合作伙伴，实现生产资源的全球优化配置。同时，数字经济还推动了制造业向智能化、绿色化和柔性化方向发展，进一步提升了制造业的竞争力和可持续发展能力。

最后，数字经济可以加强企业链的稳定性。在数字经济时代，企业链的稳定性得到了进一步加强。数字经济通过提供实时、准确的数据支持，使得企业能够更加精准地把握市场需求和变化，从而做出更加科学的决策。同时，数字经济还推动了企业之间的合作与协同，使得企业链各环节之间的联系更加紧密和稳固。这种稳定性不仅有利于企业降低经营风险，而且有助于提升整个产业链的竞争力和韧性。

（二）消费系统对接

在数字经济蓬勃发展的今天，产业链空间布局的重构不仅依赖于新生产网络的产生，更需要以消费网络作为支撑。消费网络是产业链空间布局重构效率和动态发展的关键驱动力。数字经济不仅满足消费者日益增长的多样化需求，还促进产业分工的深化，实现消费系统在全国乃至全球范围内的无缝对接，从而保障产业链空间布局重构的持续性。

第一，数字经济通过信息技术和大数据应用，显著降低了交易成本。传统的交易过程中，信息不对称、物流成本高、支付环节烦琐等问题常常导致交易成本高昂。然而，在数字经济的助力下，这些问题得到了有效解决。例如，电商平台通过实时更新商品信息、提供价格比较功能、优化物流配送等，大大降低了消费者搜索商品和完成交易的成本。这种成本的降低不仅拓宽了消费网络，使更多消费者能够享受到物美价廉的商品和服务，还促进了产业链各环节之间的紧密联系和高效协作。

第二，数字技术通过大数据分析、人工智能等技术手段，实现了供需的精准匹配。在数字经济时代，消费者的需求变化更加迅速和多样，如何准确捕捉并满足这些需求成为产业链空间布局重构的关键。数字经济通过收集和分析消费者行为数据、购物偏好等信息，可以为企业提供更精准的市场预测和决策支持。同时，通过智能推荐、个性化定制等服务，企业可以更好地满足消费者的个性化需求，提升消费者的满意度和忠诚度。这种供需的精准匹配不仅保证了消费网络的高效畅通，而且促进了产业链的升级和转型。

第三，数字经济推进了普惠性服务的产生和扩展。在传统的金融服务体系中，由于信息不对称、信用体系不完善等原因，许多消费者难以获得优质的金融服务。然而，在数字经济的推动下，普惠金融得以快速发展。通过移动支付、网络借贷、数字保险等新型金融服务模式，消费者可以更加便捷地获取金融服务支持。这种普惠性服务的扩展不仅让原本不能享受金融服务的消费者能够平等地实现消费，还促进了消费市场的繁荣和产业链的健康发展。

（三）双向协同对接

在区域经济学的视域下，生产和消费作为两大核心驱动力，其系统的对接与高效运转是区域经济一体化的关键。区域经济系统由多元化的产业构成，其演化过程本质上是产业间和产业内部主体间基于生产和消费活动的互动与推进。这种互动不仅表现为多层级、多主体的复杂交织，更核心地体现在生产系统与消费系统间的高效协同。

然而，从微观层面审视，制度差异、地理边界、经济水平和技术壁垒等因素往往阻碍了技术、人力资源、资本等关键要素在区域间的自由流通与有效配置，进而制约了产业链在全国范围内的优化布局。数字经济作为一种新兴的经济形态，以技术创新为先导，孕育出了全新的生产网络和消费网络，通过两者间的双向协同对接机制，为制造业产业链空间布局的重构注入了新的活力。

具体而言，数字经济首先在生产领域发挥了革命性的作用。通过数字技术，制造业的分工边界得以拓展，空间链特征被重塑，企业链稳定性得到增强。这些变革不仅促进了生产网络的横向拓展与纵向深化，更为生产系统的对接提供了坚实的技术支撑。在消费领域，数字经济通过降低交易成本、实现供需精准匹配、提供普惠服务等手段，极大地改变了居民消费模式，激发了消费需求，并打破了传统交易成本的限制。这种变革不仅优化了消费网络的结构，更为消费系统的对接提供了有效的机制保障。

在数字经济的推动下，生产网络与消费网络实现了"硬联通"与"软联通"的双向协同。前者通过数字技术的物理连接和信息共享，推动了产业链在空间上的合理布局；后者则通过消费模式的变革和消费需求的引导，为产业链的优化升级提供了市场动力。这种双向协同对接机制不仅促进了生产系统和消费系统的高效对接，更推动了区域制造业产业链空间布局的全面重构。

在实践中，产业转移作为数字经济下产业空间布局重构的重要路径，通过改变生产网络的地理尺度性和技术标准，为生产系统和消费系统的对接提供了实践基础。随着数字技术的深入应用，产业转移不再局限于传统的地理边界，而是通过网络扩张和网络衔接，将原先分散的生产网络整合成跨区域的统一网络。同时，数字技术的标准化和统一化也加速了产品流通的便利化，为消费系统的对接提供了有力支撑。

二、数字经济驱动制造业升级的机理

（一）数字基础设施的赋能机理

在制造业迈向高级阶段的过程中，数字基础设施作为其背后的强大支撑，发挥着不可替代的赋能作用。这一基础设施不仅是数字经济蓬勃发展的基石，更是制造业产业链信息流通的标准化平台，如同制造业的"神经网络"，将各个环节紧密地连接在一起。

数字基础设施的赋能机理主要体现在以下方面。

首先，数字基础设施极大地提升了数据传输速度和处理能力。在制造业的生产过程中，大量的数据需要实时、准确地传输和处理，以便企业能够做出迅速而准确的决策。数字基础设施的高效运作，确保了数据的流畅性和准确性，为制造业的数字化转型提供了坚实的保障。

其次，数字基础设施实现了数据的标准化和规范化。在制造业产业链中，不同的企业、不同的生产环节往往会产生不同格式、不同标准的数据。数字基础设施通过建立统一的数据标准和规范，使得这些数据能够在产业链中无障碍地交换和共享，从而降低了数据交换和共享的成本，提高了产业链的整体运行效率。

再次，数字基础设施推动了制造业生产过程的智能化和自动化。通过集成物联网、云计算、人工智能等先进技术，数字基础设施使得制造业的生产过程更加智能、高效。生产设备能够实时感知生产环境的变化，自动调整生产参数，实现精细化生产。同时，人工智能技术的应用也使得生产过程中的质量检测、故障预测等任务变得更加高效和准确。

最后，数字基础设施促进了制造业产业链的协同创新和协同发展。在数字基础设施的支撑下，产业链上的企业能够更加紧密地合作，共同研发新产品、新技术，推动产业链的协同创新。同时，数字基础设施还为企业提供了更加广阔的市场空间和更加丰富的资源，使得企业能够更好地适应市场变化，实现协同发展。

（二）数字融合应用的赋能机理

数字融合应用是制造业升级的重要驱动力，它通过推动制造业产业链的数字化转型，实现了制造业的升级和发展。数字化转型是制造业升级的核心内容，它利用数字信息技术构建了一个能够实现产业链各环节之间数据采集、传输、存储、反馈的完整闭环。在这个过程中，数字融合应用发挥了关键作用，它通过将数字技术与制造业产业链深度融合，推动了产业链的信息数字化、业务数字化和全面数字化转型。

在全面数字化转型阶段，数字融合应用推动了产业链的全面数字化转型和重构。在这一阶段，数字融合应用不仅促进了产业链局部资源配置效率的提升，而且推动了产业链整体资源配置的优化。通过数字技术的全面应用，产业链上的各个环节都实现了数字化和智能化，整个产业链发生了解构和重构，使得整体组织形态发生变革。这种变革不仅拓展了制造业的发展空间，还使得一种全新的数字化、系统化思维开始指导产业链的解构与重构，从而实现传统制造业的升级。

（三）数字集成平台的赋能机理

在数字经济迅猛发展的时代背景下，数字集成平台扮演着引领制造业变革的关键角色。其赋能机制不仅推动了制造模式的多元化演进，更深刻地重塑了制造业产业链的组织结构。随着制造业数字化转型的不断深化，数字集成平台成为推动传统制造模式向新型制造模式转型的核心驱动力。

数字集成平台通过其开放、互联的体系架构，极大地促进了制造业产业链的多元化发展。在这一过程中，它催生了"消费商"这一新兴角色，并推动了应用集成平台等新型协作机制的形成。这些新兴力量共同促进了智能制造、个性化定制、服务型制造以及网络协同制造等新型制造模式的蓬勃发展。

具体而言，数字集成平台通过以下方面的机制实现了对制造业的赋能。

首先，数字集成平台促进了消费者角色的转变，使其从单纯的消费者转变为深度参与产品全生命周期的"消费商"。通过平台，制造业企业能够精准捕捉消费者的需求，实现定制化研发设计、智能化采购与存储、高效生产与智能售后服务。这一转变不仅提升了消费者体验，而且推动了制造业向智能化、绿色化、高效化的方向升级。

其次，数字集成平台推动了制造业集成系统的构建，实现了企业内部以及产业链上下游的横向与纵向集成。在数字技术的支持下，数字集成平台为制造业提供了完善的软件体系和信息模型，促进了产品研发、生产、仓储、运输、销售、售后等全链条信息的一体化获取。这使得企业能够基于大数据分析对产业链上下游的供给需求情况有一个整体的把握，进而优化资源配置，提升管理效率。

最后，工业互联网作为数字集成平台的重要支撑，在制造业智能化升级中发挥了关键作用。它实现了人、物、机等多个子系统的数字化标准连接，为新型制造模式和制造技术的培育提供了"创新母机"平台。工业互联网通过提供实时、准确的数据支持，推动了制造业智能化升级，为制造业的高质量发展注入了新的活力。

（四）智能制造的赋能机理

在数字经济蓬勃发展的时代背景下，智能制造已然成为推动制造业升级的关键力量，其赋能机理深刻影响着制造业价值链的精细化升级。与传统自动化生产模式相比，智能制造展现出了更为卓越的性能和潜力，特别是在人机一体智慧系统的构建上，它赋予了制造业前所未有的灵活性和智能化水平。

智能制造的赋能机理首先体现在对制造业技术创新能力的显著提升上。智能制造不仅依赖于先进的生产设备和技术，更强调数据驱动和自主学习的重要性。通过不断积累和分析生产过程中的数据，智能制造系统能够自主学习和优化生产流程，实现生产决策的科学化和精准化。这种基于数据的智能化决策模式，使制造业企业能够更快地响应市场变化，抓住创新机遇，推动技术创新的不断升级。

同时，智能制造的赋能机理还体现在对产品研发能力的全面提升上。在智能制造模式下，产品研发不再是一个单一的、线性的过程，而是变成了一个多环节、多层次的复杂系统。智能制造系统通过集成先进的数字化设计工具、仿真软件和数据分析平台，实现了产品研发的全流程数字化管理。这不仅提高了产品研发的效率和准确性，而且降低了研发成本，缩短了产品上市时间。更为重要的是，智能制造系统能够实时跟踪和分析市场需求与消费者反馈，为产品研发提供宝贵的市场信息和创新思路，推动产品创新的不断突破。

智能制造的这种全面变革，最终推动了制造业价值链的精细化升级。在智能制造的赋能下，制造业企业能够更加精准地把握市场需求和消费者需求，实现定制化生产和个性化服务。同时，智能制造还促进制造业产业链上下游的紧密协作和协同创新，推动了整个产业链的升级和转型。这种精细化升级不仅提高了制造业的附加值和竞争力，而且为消费者带来了更加优质的产品和服务体验。

三、数字经济驱动中国制造业升级的对策

（一）打造数字生态共同体

1. 加速制造业数据标准制定，促进数据共享

在数字经济时代，数据已成为制造业发展的重要资源。为了确保数据的流通与共享，需要制定统一的数据标准。这不仅包括数据的格式、质量、安全性等方面的规范，还应涵盖数据采集、处理、分析、应用等全过程的统一标准。通过数据标准的制定，我们可以降低数据交流的门槛，提高数据的使用效率，从而推动制造业的数字化转型。

此外，还应积极推动制造业企业之间的数据共享，可以通过建立数据共享平台、制定数据共享政策等方式实现。通过数据共享，企业可以更加便捷地获取所需的数据资源，从而加速产品研发、优化生产流程、提高产品质量。同时，数据共享也有助于企业发现新的市场机会，拓展业务领域，实现跨界融合。

2. 加强数据安全保护体系建设，促进对知识产权的保护

在数据共享过程中，我们必须高度重视数据安全保护。数据安全不仅关系到企业的核心利益，还涉及国家安全和社会稳定。因此，需要加强数据安全保护体系建设，完善数据安全管理制度和技术手段。

具体而言，可采取以下三项措施：一是加强数据安全法律法规的制定和执行力度，明确数据安全责任和义务；二是加强数据安全技术研发和应用，提高数据的安全性和可靠性；三是加强数据安全培训和意识教育，提高员工对数据安全的认识和重视程度。

同时，还应注重对知识产权的保护。在数字经济时代，知识产权已成为企业竞争的重要资产。为了保护知识产权，要加强知识产权法律法规的制定和执行力度，建立健全知识产权保护体系。加强知识产权的宣传和教育，提高公众对知识产权的认识和重视程度。

3. 加快建设大数据资源分析平台，促进数据资源的高效应用

大数据资源分析平台是制造业数字化转型的重要支撑。通过大数据资源分析平台，可以对海量数据进行挖掘和分析，发现其中的价值信息，为企业的决策提供支持。因此，要加快建设大数据资源分析平台，提高数据资源的高效应用水平。

具体而言，可以采取的措施包括：一是加强大数据技术研发和应用，提高大数据资源分析平台的性能和稳定性；二是加强大数据人才培养和引进力度，提高大数据资源分析平台的技术水平；三是加强大数据与制造业的深度融合，推动大数据在产品研发、生产流程优化、市场营销等方面的应用。

（二）优化制造业升级环境

1. 利用新型信息技术，提升引入外资的质量

在数字经济时代，外资的引入对于制造业的升级具有重要意义。通过利用新型信息技术，可以更加精准地分析外资的需求和趋势，提高外资的引入效率和质量。具体而言，建立外资引入信息平台，实现信息的实时共享和快速响应。同时，加强与国际投资机构的合作，引进更多具有创新能力和竞争优势的外资企业。此外，还可以利用大数据、人工智能等技术手段，对外资进行精准分析和评估，确保引入的外资与制造业升级的需求相契合。

2. 优化交通设施网络，促进产业集群发展

交通设施网络是制造业发展的重要基础。为了促进制造业的集群发展，我们需要进一步完善交通设施网络。由此，可以加大对交通设施建设的投入力度，提高交通设施的覆盖率和通达性。同时，加强区域之间的交通联系，形成高效的交通网络体系。此外，还可以结合制造业的发展需求，优化交通设施的布局和规划，为制造业的集群发展提供有力支撑。

3. 把控财政投资规模，引导地区异质性发展

财政投资在制造业升级中发挥着重要作用。然而，过度依赖财政投资也可能导致资源的浪费和产能过剩。因此，要合理把控财政投资规模，引导地区异质性发展。可以根据各地区的资源禀赋、产业基础和发展潜力等因素，制定差异化的财政投资政策。同时，加强财政投资与产业政策的衔接和协调，确保财政投资能够真正发挥促进制造业升级的作用。此外，还可以鼓励社会资本参与制造业升级的投资和建设，形成多元化的投资格局。

（三）培育双元复合型人才

1. 创新人才培养模式，提高人才实践能力

为了培育双元复合型人才，需要创新人才培养模式。加强学校与企业的合作，建立产

学研用一体化的育人机制。通过实践教学、项目合作等方式，提高学生的实践能力和创新能力。同时，加强与企业间的交流和互动，了解企业的实际需求和发展趋势，为人才培养提供有力支撑。

2. 加强数字化职业教育，采用灵活用工形式

数字化职业教育是培育双元复合型人才的重要途径，要加强数字化职业教育的投入和建设，提高职业教育的教学质量和水平。同时，采用灵活用工形式，鼓励企业引入更多的数字化人才。通过灵活用工形式，企业可以更加便捷地获取到所需的数字化人才资源，提高生产效率和质量，这也为数字化人才提供了更多的就业机会和更大的发展空间。

3. 实施差异化人才政策，促进人才结构与产业结构的动态匹配

为了促进人才结构与产业结构的动态匹配，要实施差异化人才政策。具体而言，可以根据不同地区、不同行业的需求和发展趋势，制定差异化的人才政策。通过政策引导和支持，鼓励人才向急需的行业和地区流动。同时，加强人才市场的监测和评估，及时调整和优化人才政策，确保人才政策与产业结构的发展相协调。此外，还可以加强与国际人才市场的交流与合作，引进更多国际化人才资源，为制造业的升级提供有力支持。

第三节　数字经济下的智能制造与知识产权机制创新

在数字经济与工业互联网的相互促进和协同发展背景下，传统的"劳动密集"与"人员密接"型生产方式正经历着显著的转型升级，特别是制造业企业广泛融入互联网，为智能制造的崛起提供了前所未有的便利。这一趋势促使智能制造得到了迅猛的发展，其中，深度学习、神经网络、人机接口等信息技术在智能制造中的应用产生了深远的三重影响。

首先，在企业层面，这些技术推动了精益化管理与柔性生产模式的广泛实施。通过优化生产流程、提高生产效率，企业能够更好地适应市场变化，满足消费者多样化的需求。

其次，在产业链层面，智能制造技术的应用促使了生产工艺的调整，进而推动了传统产业链的产业要素重构与重塑。这种变革不仅优化了产业链的结构，还提高了产业链的整体竞争力。

最后，在产业层面，智能制造的发展促进了"数字产业化"与"产业数字化"的双向互动与反馈：一方面，数字技术的深入应用推动了产业的数字化转型，提升了产业的附加值；另一方面，产业的数字化转型又反过来推动了数字技术的创新与发展，形成了智能制造的产业发展路径。

"数字资源集聚为智能制造产业开拓了要素创新空间，也为工业知识产权政策提出了

前所未有的更高要求。"[1] 在智能制造数字化转型过程中，知识产权地方政策扮演着至关重要的角色，它不仅是保护创新成果、激发创新活力的重要手段，更是推动制造业高质量发展的核心举措。因此，在数字经济条件下，加强知识产权地方政策的建设与实施，对于促进智能制造的快速发展具有重要意义。

一、智能制造产业发展与知识产权机制创新的契合

随着工业4.0时代的到来，智能制造作为其核心驱动力，正在深刻地改变传统制造业的生产方式和管理模式。智能制造的应用模式，包括智能化生产、网络化协同、服务化产品、个性化定制等，均高度依赖数字信息技术的支撑，而这些技术的研发和应用，又离不开知识产权的保驾护航。因此，智能制造产业的发展与知识产权机制的创新之间存在紧密的契合关系。

（一）智能制造的多样化需求促进知识产权的创新

智能制造的广泛应用，不仅推动了传统制造业的转型升级，而且催生了大量新型的知识产权需求。这些需求不仅包括传统的专利保护，而且包括对集成电路设计、技术配方、工艺流程、大数据算法、数据与设备的连接、数字采集存储、挖掘处理等非专利技术的保护。这些非专利技术虽然不直接体现为专利形式，但同样是企业核心竞争力的重要组成部分，对于企业的创新和发展具有重要意义。

此外，智能制造在推广过程中还产生了大量的企业与行业的新技术标准。这些技术标准不仅是智能制造发展的重要支撑，也是知识产权保护的重要内容。随着"标准化—规模化—智能化"趋势的加强，标准必要专利问题越发凸显，成为知识产权政策创新的策源地。

（二）知识产权机制创新为智能制造提供有力保障

面对智能制造产业的多样化需求，知识产权机制必须不断创新，以适应产业发展的新趋势。近年来，国家知识产权局积极推进知识产权运营中心建设，开展"专利导航"等知识产权服务，旨在促使知识产权与产业政策的相互融入。这些举措不仅为智能制造产业的发展提供了有力保障，也为知识产权的创新发展提供了广阔空间。

同时，随着区域经济的发展和竞争加剧，各地都在加速产业链条重构，试图形成产业自主循环体系的地方发展模式。这种区域竞争态势推动了知识产权政策的"地方化"趋势。各地根据自身产业特色和发展需求，制定了一系列具有地方特色的知识产权政策，以促进本地智能制造产业的发展。这种"精准化"调控方式，不仅有利于充分发挥地方优势，还有助于形成各具特色的知识产权保护体系。

---

[1] 徐宁远，杨军，徐可. 数字经济下的智能制造与知识产权机制创新[J]. 黄冈职业技术学院学报，2023，25（5）：114.

（三）数字信息技术强化知识产权与智能制造的耦合关系

数字信息技术的快速发展，为智能制造和知识产权的相互促进提供了有力支撑。一方面，数字信息技术为智能制造提供了强大的技术支撑，推动了智能制造技术的不断进步和应用；另一方面，数字信息技术也为知识产权保护提供了更加高效、便捷的手段，使得知识产权的获取、管理和保护更加便捷和高效。这种相互反馈和耦合关系，不仅加速了产业技术的演进和分化，也放大了技术扩散和技术收敛过程中的地方差异性。这种差异性要求在制定知识产权政策时，必须充分考虑各地不同产业的具体情势，进行"精准化"调控。只有这样，才能更好地发挥知识产权在智能制造产业发展中的积极作用。

二、智能聊天技术对智能制造知识产权创新空间的拓展

智能聊天技术的出现，为智能制造技术的发展开拓了新的想象空间。这种技术不仅挑战了技术伦理的界限，还拓展了知识产权的创新空间。智能聊天技术作为一种新兴的人工智能技术，具有广泛的应用前景和巨大的市场潜力。在智能制造领域，智能聊天技术可以用于实现人机交互、智能客服、智能问答等功能，提高了生产效率和服务质量。

同时，智能聊天技术还涉及大量的创新成果和知识产权问题。这些创新成果不仅包括算法、模型等技术层面的创新，而且包括应用场景、商业模式等方面的创新。这些创新成果的保护和应用，需要知识产权制度提供有力支持。因此，在智能聊天技术的推动下，知识产权的创新空间得到了进一步拓展。

具体来说，智能聊天技术的发展对知识产权的创新空间产生了以下三个方面的影响。

第一，丰富知识产权的客体类型。智能聊天技术的发展催生了大量新型的知识产权客体类型，如智能算法、智能模型、智能应用等。这些客体类型不仅具有独特的技术特征和应用价值，而且具有较高的创新性和实用性。

第二，推动知识产权的跨界融合。智能聊天技术的应用涉及多个领域和行业的交叉融合，如信息技术、人工智能、大数据等。这种跨界融合不仅推动了技术的创新和进步，而且促进了知识产权的跨界融合和保护。通过加强不同领域和行业之间的知识产权合作和交流，可以形成更加完善的知识产权保护体系。

第三，加速知识产权的商业化进程。智能聊天技术的发展为知识产权的商业化应用提供了更加广阔的空间和机遇。通过将智能聊天技术应用于各种产品和服务中，可以实现知识产权的商业化转化和产业化应用。这不仅有利于推动智能制造产业的发展壮大，而且有助于提高知识产权的创造力和竞争力。

三、知识产权融入智能制造产业的发展路径

在智能制造产业快速发展的今天，知识产权不仅是技术创新的核心要素，更是推动产业进步和治理现代化的重要力量。因此，将知识产权深度融入智能制造产业的发展路径中，

对于提升产业整体竞争力、促进可持续发展具有重要意义。

（一）以知识产权为引领筛选技术路径

在智能制造领域，技术创新是推动产业发展的核心动力。然而，技术创新的方向和路径往往受到多种因素的影响，包括市场需求、技术趋势、政策法规等。因此，以知识产权为引领筛选技术路径，成为确保技术创新方向正确、避免资源浪费的有效途径。具体而言，企业应加强知识产权的创造、保护和运用，通过专利分析、技术评估等手段，了解当前技术领域的热点和趋势，结合企业自身优势和市场需求，选择具有市场潜力和竞争力的技术路径进行研发和创新。这不仅可以提高技术创新的针对性和有效性，而且可以为企业带来更大的经济效益和社会效益。

（二）以知识产权为抓手，加快产业推广

智能制造产业的推广和普及，需要知识产权的支撑和保障。以知识产权为抓手，可以加快智能制造产业的推广速度，提高产业的整体发展水平。具体而言，企业应加强知识产权的宣传和普及，提高公众对智能制造和知识产权的认知度与理解度。同时，企业还应积极探索知识产权的商业模式和运营机制，将知识产权转化为现实生产力，推动智能制造技术的广泛应用和产业化发展。此外，政府也应加大对智能制造产业的支持力度，通过制定相关政策、提供资金支持等方式，鼓励企业加强知识产权的创造、保护和运用，推动智能制造产业的快速发展。

（三）以知识产权为工具实施产业治理

智能制造产业的治理需要依托知识产权的规范和约束。以知识产权为工具实施产业治理，可以规范市场秩序、保障公平竞争、维护产业健康发展。具体而言，企业应加强知识产权的管理和运营，建立健全知识产权管理制度和体系，加强知识产权的维权和打假工作，维护企业的合法权益和品牌形象。同时，政府也应加强对知识产权的保护和监管力度，建立健全知识产权法律法规体系和政策支持体系，为智能制造产业的健康发展提供有力的法律保障和政策支持。此外，行业协会和中介机构也应发挥积极作用，加强行业自律和规范管理，推动智能制造产业的健康发展。

第四节 5G+智能制造促进数字经济与实体经济的融合

一、新型工业化的深度理解与分析

随着全球经济结构的深刻变革和科技进步的日新月异，传统工业化模式已难以满足可

持续发展的需求。因此，新型工业化作为一种更加高效、绿色、智能的工业发展模式，逐渐成为各国经济发展的重要战略方向。"新型工业化是坚持以信息化带动工业化，以工业化促进信息化，走出一条科技含量高、经济效益好、资源消耗低、环境污染少、人力资源优势得到充分发挥的新型工业化路子。"[①]对新型工业化的深度理解与分析，有助于更好地把握其内涵与特征，推动工业结构的优化升级和经济的持续健康发展。

第一，新型工业化强调两化深度融合。这意味着信息化与工业化之间的相互促进和深度融合，是现代企业发展的必由之路。在信息化浪潮的推动下，传统企业需通过技术创新和模式创新，实现产业升级和转型，以适应时代进步和市场变化。信息化不仅为企业提供了更高效的生产方式和更广阔的市场空间，还促进了企业间、产业间的协作与融合，推动了整个产业链的升级和优化。

第二，新型工业化强调科技含量高。这一特征要求工业发展必须以科技创新为核心驱动力，通过引进、消化、吸收和再创新，不断提升产业的技术水平和核心竞争力。在新型工业化的进程中，高新技术产业和战略性新兴产业将发挥越来越重要的作用，成为推动工业转型升级的重要力量。

第三，新型工业化追求经济效益好。这意味着工业发展不仅要追求数量的增长，更要注重质量和效益的提升。通过优化产业结构、提高产品质量、降低生产成本、增强品牌影响力等措施，实现工业经济的集约化、内涵式发展，从而提高工业的整体经济效益和社会效益。

第四，新型工业化要求资源消耗低。在资源日益紧缺和环境压力不断增大的背景下，新型工业化必须走资源节约型发展道路。通过提高资源利用效率、发展循环经济、推广清洁生产等方式，减少资源消耗和浪费，降低工业生产对环境的负面影响，实现工业与环境的和谐共生。

第五，新型工业化强调环境污染少。环境保护是新型工业化的重要内容之一。在工业发展过程中，必须严格遵守环保法律法规和标准，加强污染治理和生态修复，减少污染物排放和生态破坏。同时，积极推广绿色技术和绿色产品，推动工业绿色化、低碳化发展，为生态文明建设贡献力量。

第六，新型工业化注重人力资源优势的充分发挥。人才是新型工业化的第一资源。在新型工业化的进程中，必须高度重视人才培养和引进工作，加强职业教育和技能培训，提高劳动者的素质和技能水平。同时，优化人才配置和激励机制，充分激发人才的创新活力和创造潜能，为工业发展提供强大的人才支撑和智力保障。

---

① 张云霞，巨涵，何菁钦.5G+智能制造促进数字经济与实体经济深度融合[J].通信企业管理，2023（3）：16.

二、智能制造与新型工业化的关系

在当前全球工业变革的浪潮中,智能制造以其独特的优势和潜力,正日益成为推动工业经济高质量发展的重要引擎。特别是在我国,智能制造已经成为实现新型工业化的核心动力,为工业经济注入了新的活力。

(一)从结构特征上看

首先,智能制造推动了制造业生产方式的智能化转型。传统的生产方式主要依赖于人工操作和机械化生产,效率低下且难以应对市场需求的快速变化。而智能制造通过引入物联网技术,实现了设备之间的互联互通,使生产过程更加智能化、自动化和柔性化。这种智能化转型不仅提高了生产效率和质量,还降低了生产成本和资源消耗,为制造业的发展注入了新的活力。

其次,智能制造推动了制造业产品向高端化、智能化和绿色化方向发展。随着消费者对产品质量和性能要求的不断提高,传统制造业面临巨大的挑战。智能制造通过引入大数据和人工智能技术,实现了对产品质量和性能的精准控制,推动了制造业产品向高端化、智能化方向发展。同时,智能制造还注重环保和可持续发展,推动了制造业产品向绿色化方向发展,满足了消费者对环保和可持续性发展的需求。

最后,智能制造推动了制造业产业链的升级和重构。在全球化背景下,制造业产业链已经形成了全球范围内的分工和合作。智能制造通过推动产业链上下游企业的紧密合作和协同创新,不仅提高了产业链的整体效率和质量,而且推动了制造业产业链的升级和重构,为制造业提供了新的增长点和发展空间。

(二)从产业发展上看

首先,智能制造推动了制造业产业的多元化发展。传统的制造业主要集中在原材料加工和低端制造领域,难以应对市场需求的变化和升级。智能制造通过推动产业模式和企业形态的根本性转变,带动了工业机器人、增材制造、工业软件等新兴产业的发展。这些新兴产业不仅为制造业提供了新的增长点,还推动了农业、交通、物流、医疗等各领域的数字化转型和智能化变革,为整个社会的数字化转型提供了有力支撑。

其次,智能制造推动了制造业的全球化战略。在全球产业链和供应链重构的背景下,智能制造通过构建完善的供应链和产业链体系,确保了工业经济循环畅通,形成了紧密的产业链生态圈。这种生态圈不仅提高了产业链的整体效率和质量,还推动了制造业的全球化战略,使我国制造业在全球竞争中保持领先地位。

最后,智能制造推动了制造业的绿色可持续发展。随着全球环境问题的日益严重,制造业必须注重环保和可持续发展。智能制造通过引入绿色制造技术和绿色供应链管理,实现了对生产过程的环保控制和资源节约。同时,智能制造还推动了制造业产品的绿色设计和绿色生产，满足了消费者对环保和可持续性发展的需求。这种绿色可持续发展不仅有利于制造业的长期发展，而且有利于整个社会的可持续发展。

（三）从发展模式上看

首先，智能制造推动了异地协同生产模式的发展。传统的生产模式往往受到地域限制，难以实现资源的优化配置和高效利用。而智能制造通过构建工业互联网平台，实现了不同地区、不同企业之间的信息共享和协同作业。这种异地协同生产模式不仅打破了地域限制，还实现了资源的优化配置和高效利用，提高了生产效率和质量。

其次，智能制造推动了制造业与信息技术、新材料、新能源等领域的深度融合。传统的制造业主要依赖于自身的技术和设备进行生产，难以应对市场需求的变化和升级。智能制造推动了制造业与这些领域的融合，这种跨界融合不仅为制造业提供了新的发展空间和机遇，还推动了整个工业经济的转型升级。

最后，智能制造推动了制造业的定制化生产和服务。随着消费者对产品个性化需求的增加，传统的批量化生产已经难以满足市场需求。智能制造通过引入大数据和人工智能技术，实现了对消费者需求的精准分析和预测。同时，智能制造还提供了定制化生产和服务，满足了消费者个性化、多样化的需求。这种定制化生产和服务不仅提高了消费者的满意度和忠诚度，还为制造业带来了新的增长点和发展空间。

（四）从技术发展上看

技术进步是推动新型工业化的关键因素之一。智能制造作为新一代信息技术与制造业深度融合的产物，其技术体系不断完善和成熟，为新型工业化提供了强大的技术支撑。

首先，智能制造推动了人工智能、物联网、大数据等新一代信息技术的不断发展和应用。这些技术的应用不仅提高了智能制造的智能化水平和效率，还为制造业带来了更多的创新机会和发展空间。同时，这些新一代信息技术的发展也推动了其他领域的数字化转型和智能化变革，为整个社会的数字化转型提供了有力支撑。

其次，智能制造推动了制造业技术的创新和应用。智能制造通过引入新技术、新工艺和新材料，推动了制造业技术的创新和应用。这种技术创新不仅提高了制造业的生产效率和质量，还推动了制造业产品的升级换代和市场拓展。同时，这种技术创新还促进了制造业与其他领域的深度融合和协同发展。

最后，智能制造推动了工业经济的数字化转型和智能化变革。随着信息技术的不断发展和应用，工业经济已经进入了数字化转型和智能化变革的新阶段。智能制造作为数字化转型和智能化变革的核心技术之一，其发展和应用将推动整个工业经济的数字化转型和智能化变革。这种数字化转型和智能化变革将提高工业经济的运行效率和质量，推动工业经济的可持续发展。

三、5G+智能制造赋能制造业数字化转型的场景

在信息化与工业化深度融合的背景下，5G 技术以其高速率、低时延、广连接的特点，为智能制造提供了强大的技术支撑。制造业数字化转型，通过引入 5G+ 智能制造的应用模式，正逐步改变着设计、生产、制造、配送、维护、销售等全流程的各个环节。

场景 1：智能在线检测。在制造业中，产品质量检测是确保产品合格、提升客户满意度的重要环节。然而，传统的人工检测方式存在成本高、效率低、误判率高等问题。借助 5G+ 智能机器视觉检测技术，可以实现对外观表面、几何公差及装配质量的自主判断、识别和定位相关缺陷问题。这种技术通过 5G 网络的高速数据传输能力，将检测数据实时传输至分析中心，结合机器学习算法进行智能分析，大大提高了检测的准确性和效率。

场景 2：在制造业的生产过程中，设备、人员、环境等因素的监控对于确保生产安全、提高生产效率至关重要。5G+ 图像识别分析处理边缘计算技术，通过连接工业大脑，实现工况实时加工过程的监控及预判。这一技术能够实时监控生产设备的运行状态、人员的操作行为以及环境参数的变化，及时发现并处理异常情况，有效避免生产安全事故的发生。同时，通过 3D、数字孪生等技术，实现制造全过程的可视化监控与管理，使生产过程更加透明、可控。

场景 3：云化机器人。云化机器人是 5G+ 智能制造在自动化生产领域的重要应用之一。5G 无线通信网络具有极低时延和高可靠的特征，使得机器人可以通过云端管理和多机器人协作实现自组织和协同的能力。这种能力使得机器人能够满足柔性生产的需求，根据生产需求的变化快速调整生产计划和生产过程。同时，通过数据共享与分析，机器人可以不断优化自身的运行效率和生产质量，提高整个生产线的智能化水平。

场景 4：智能装配。在装配环节，传统的人工装配方式存在效率低、可靠性差等问题。通过 5G 进行信息系统和物理系统融合，结合机器视觉、工步引导等技术以及深度学习等算法，可以实现自动化柔性生产方式。这种方式不仅提高了装配的效率和可靠性，而且可以根据用户的需求实现多样化和定制化的生产。在电工行业等高端装备、大部件对接领域，这种技术已经得到了广泛应用。

场景 5：智能仓储。智能仓储是制造业数字化转型中的重要环节之一。通过引入 5G 及各种智能设备，可以实现仓储物流的自动化、智能化和可视化。利用机器人、激光扫描器、RFID 等智能化设备与软件，结合 5G、物联网、人工智能等技术，实现自动化物料存取、协同联动物料存取、实时拉动式物料存取等功能。这种智能仓储系统不仅可以提高仓储物流的效率和准确性，而且可以降低人力成本和提高管理水平。

场景 6：柔性生产。柔性生产是制造业数字化转型的重要目标之一。通过引入 5G 及各种智能设备，可以摆脱线缆的束缚，实现真正意义上的柔性生产。在柔性生产模式下，客户不仅可以定制自己专属的产品，还可以监控生产过程，及时调整需求甚至参与到生产

过程当中。对于生产企业来说，柔性生产可以避免产品积压，及时调整订单排产或者无缝调整产品线甚至更换自己的产品品类，从而提高生产效率，降低库存成本。

场景7：远程运维。在制造业中，设备的维护和保养是确保设备正常运行和延长设备寿命的重要环节。然而，传统的运维方式需要工程师来回奔波，耗时耗力。借助5G技术，可以实现跨工厂、跨地域的远程故障诊断和维修。通过远程进行程序升级、故障排除、维修指导等操作，可以大大提高运维的时效性和效率，降低运维成本。

场景8：远程培训。传统工业培训方式存在设备开机成本高、培训场地及人数受限等问题。通过5G技术，可以实现远程多人协同设计、虚拟工厂操作培训等新型培训方式。这种方式不仅可以节省培训成本和提高培训效率，而且可以使学员更加直观地了解生产过程和设备操作过程，提高学员的学习效果和实践能力。同时，利用5G技术将工厂和生产线搬进教室，通过移动教室进行培训和指导，可以实现真正意义上的立体化教学。

四、5G+赋能智能制造产业升级的策略

随着5G技术的飞速进步，其在智能制造领域的应用日益广泛，为产业升级注入了新的活力。5G技术的特性，如高速率、低延迟、最大连接数等，为智能制造提供了前所未有的发展机遇。

（一）创新技术模式，引领智能制造升级

在5G技术的推动下，智能制造领域必须积极创新技术模式，以适应产业升级的迫切需求。首先，应充分利用5G网络的高速率和低延迟特性，确保生产数据的实时传输和处理，进而优化生产流程，提高生产效率。其次，通过引入人工智能、大数据等先进技术，与5G网络深度融合，构建智能化的生产系统，实现生产过程的自动化和智能化。这种技术融合不仅提升了生产效率，还有助于提高产品质量和降低生产成本。

因此，应建立技术创新平台，汇聚政府、企业、高校和科研机构等多方创新资源，促进产学研用深度融合。鼓励企业加大研发投入，推动技术创新和成果转化，形成一批具有自主知识产权的核心技术。同时，政府应出台相关政策，引导和支持企业开展技术创新活动，为智能制造技术创新提供有力保障。

（二）加强数字新基建在工厂的应用落地

数字新基建是智能制造产业升级的重要基础。在5G技术的支撑下，应加快数字新基建在工厂的应用落地，推动工厂的数字化、网络化和智能化。首先，应建设高速、稳定的5G网络，确保生产数据的实时传输和处理。其次，通过引入工业互联网、物联网等技术，实现设备之间的互联互通，形成智能化生产系统。同时，加强云计算、大数据等技术的应用，构建智能化管理和服务平台，提高工厂的管理水平和生产效率。

在具体实践中，应制定数字新基建发展规划，明确建设目标和任务。政府应加大资金投入和政策支持，推动数字新基建项目的落地实施。同时，加强人才培养和引进，为数字新基建建设提供人才保障。此外，鼓励企业积极参与数字新基建建设，推动工厂数字化、网络化和智能化转型。

（三）聚焦重点产业，打造智能制造工厂新模式

在智能制造产业升级过程中，应聚焦重点产业，打造具有特色的智能制造工厂新模式。根据不同产业的特点和需求，制订个性化的智能制造升级方案。通过引入先进的生产技术和设备，提高生产效率和产品质量。同时，加强产业链协同和合作，形成完整的产业生态系统。

可以建立产业联盟或合作机制，促进产业链上下游企业的紧密合作和协同创新。鼓励企业加强技术研发和成果转化，推动智能制造技术的广泛应用。政府应加强政策引导和支持，为重点产业的智能制造升级提供有力保障。

（四）打造产、学、研、用智能制造开源生态圈

为了推动智能制造产业的持续发展和创新，需要构建一个开放、共享的智能制造生态圈。在这个生态圈中，产、学、研、用各方应紧密合作，共同推动智能制造技术的研发和应用。

首先，加强产业界与学术界、研究机构的合作与交流，共同推动智能制造技术的研发和创新。通过合作研发、技术转移等方式，实现技术成果的共享和应用。

其次，通过开放共享的平台和机制，促进智能制造技术的广泛传播和应用。建立智能制造开源社区或平台，汇聚各方资源和力量，共同推动智能制造技术的发展和应用。同时，加强人才培养和引进，为智能制造生态圈的建设提供人才保障。

因此，应鼓励企业、高校、研究机构等积极参与智能制造生态圈的建设。通过共同研发、技术合作等方式，推动智能制造技术的创新和应用。同时，加强政策引导和支持，为智能制造生态圈的建设提供有力保障。此外，加强国际合作与交流，引进国际先进技术和经验，推动智能制造产业的国际化发展。

综上所述，5G+赋能智能制造产业升级的策略需要从创新技术模式、加强数字新基建应用、聚焦重点产业以及打造智能制造开源生态圈等多个方面入手。通过各方共同努力和协作，推动智能制造产业的持续发展和创新，为我国工业经济的转型升级提供有力支撑。这一策略的实施，将有助于提升我国在全球智能制造领域的竞争力和影响力，为我国经济发展注入新的动力。

结束语

　　智能制造与数字技术经济的融合发展，已成为产业转型升级的关键动力，这种融合不仅释放了制造业的无限潜能，而且描绘了一个高效、智能、绿色的未来蓝图。智能制造将以其独特的优势，成为推动经济社会发展的重要引擎。通过引入先进的数字技术，智能制造将实现生产过程的自动化、智能化和柔性化，提高生产效率，降低生产成本，为企业创造更大的经济效益。同时，智能制造还将推动绿色制造的发展，减少能源消耗和环境污染，实现可持续发展。

　　随着智能制造的广泛应用，人们的生活也将迎来更多便利和可能。无论是智能家居、智能交通还是智慧医疗等领域，智能制造都将发挥重要作用，为人们提供更加便捷、高效、舒适的生活体验。展望未来，随着技术的日新月异和应用的不断深化，智能制造与数字技术经济的融合将更加紧密，它们将携手共进，共同推动制造业迈向新的高度。

参考文献

[1] 曾奇峰. 基于STEP-NC的智能数控系统关键技术研究[D]. 辽宁：东北大学，2018.

[2] 樊慧玲. 数字经济驱动中国制造业质量升级的模式与路径[J]. 吉林工商学院学报，2020，36（2）：12-15，38.

[3] 高阳，李晓宇，周卓琪. 数字技术支撑现代社会治理体系的底层逻辑与实现路径[J]. 行政管理改革，2022（4）：30-36.

[4] 顾春雷. 产品生命周期管理PLM技术研究[J]. 通讯世界，2014（11）：13-14.

[5] 官赛萍，靳小龙，贾岩涛，等. 面向知识图谱的知识推理研究进展[J]. 软件学报，2018，29（10）：2966-2994.

[6] 郭东东，韩雅楠. 私有云在企业中的应用与发展研究[J]. 产业科技创新，2023，5（3）：88.

[7] 郭钢，余成龙，刘飞. 产品生命周期管理的内涵和技术架构[J]. 中国机械工程，2004，15（6）：512-515.

[8] 郭美舍，王坤旭，庞紫薇. 数字经济赋能制造业高质量内生动力与途径探讨[J]. 商场现代化，2023（20）：135-137.

[9] 蒋白桦. 发展数字经济、推进数字化转型、坚持智能制造[J]. 智能制造，2022（6）：45-46，29.

[10] 焦勇，刘忠诚. 数字经济赋能智能制造新模式：从规模化生产、个性化定制到适度规模定制的革新[J]. 贵州社会科学，2020（11）：148.

[11] 李春发，李冬冬，周驰. 数字经济驱动制造业转型升级的作用机理：基于产业链视角的分析[J]. 商业研究，2020（2）：73-82.

[12] 李德仁，姚远，邵振峰. 智慧城市的概念、支撑技术及应用[J]. 工程研究——跨学科视野中的工程，2012，4（4）：313-323.

[13] 李辉，梁丹丹. 企业数字化转型的机制、路径与对策[J]. 贵州社会科学，2020（10）：120-125.

[14] 李杰. 智能设计赋能产业创新与变革[J]. 设计，2024，37（2）：48-53.

[15] 李阳，宋良荣，阎奇冠. 数字经济背景下智能制造供应链金融研究现状与展望[J]. 科

技与经济，2023，36（1）：106-110.

[16] 利锐欢，谢玉祺.基于大数据的安全生产人工智能应用分析[J].科技资讯，2022，20（14）：76.

[17] 廖伟强.展望"增材制造"[J].山东工业技术，2017（10）：251.

[18] 林劲.数字经济/智能制造促进经济复苏发展[J].质量与认证，2023（10）：38.

[19] 刘建丽，李娇.智能制造：概念演化、体系解构与高质量发展[J].改革，2024（2）：75-88.

[20] 刘一腾.数字经济驱动中国制造业升级研究[D].长春：吉林大学，2023.

[21] 屈亚宁，李建勋，马春娜，等.新一代国产化PLM系统的研发与实现[J].智能制造，2022（1）：79-85，90.

[22] 沈建新，周儒荣.产品全生命周期管理系统框架及关键技术研究[J].南京航空航天大学学报，2003，35（5）：565-571.

[23] 沈洋，魏丹琪，周鹏飞.数字经济、人工智能制造与劳动力错配[J].统计与决策，2022，38（3）：28-33.

[24] 涂俊翔，朱晓林.协同企业产品生命周期管理系统信息的检索[J].中国工程机械学报，2011，9（2）：244-248，252.

[25] 王晋.智能制造基础及应用研究[M].北京：文化发展出版社，2020.

[26] 王柳，石军伟.数字经济时代企业智能制造能力架构研究：来自中国机床制造业企业的经验证据[J].贵州社会科学，2021（11）：139-146.

[27] 王淑艳，和征，杨小红.工业互联网视角下制造业企业智能化转型的演化路径研究[J].商场现代化，2023（1）：47-49.

[28] 王新慧.数字经济赋能制造业结构优化的效应测度与提升路径研究[D].石家庄：河北地质大学，2022.

[29] 徐虹，杨力行，方志祥.试论数字城市规划的支撑技术体系[J].武汉大学学报（工学版），2002（5）：43-46.

[30] 徐可，蔡伟，杨秋秋.知识产权推进智能制造创新的政策研究：以河南省为例[J].湖北职业技术学院学报，2022，25（1）：5-10.

[31] 徐宁远，杨军，徐可.数字经济下的智能制造与知识产权机制创新[J].黄冈职业技术学院学报，2023，25（5）：114.

[32] 薛颖.工业智能制造和数字经济深度融合研究[J].河北企业，2022（4）：35-37.

[33] 殷莹.中国制造2025背景下数字经济在智能制造产业的应用探讨[J].天津职业院校联合学报，2021，23（9）：125-128.

[34] 张卫，王兴康，石涌江，等.工业大数据驱动的智能制造服务系统构建技术[J].中国科学：

技术科学，2023，53（7）：1084-1096.

[35] 张卫，朱信忠，顾新建，等.工业互联网环境下的智能制造服务流程纵向集成[J].系统工程理论与实践，2021，41（7）：1761-1770.

[36] 张鑫，王明辉.中国人工智能发展态势及其促进策略[J].改革，2019（9）：31.

[37] 张毅.数字化及智能制造数字经济基础设施建设的思考与探讨[J].起重运输机械，2022（3）：22-25.

[38] 张云霞，巨涵，何菁钦.5G+智能制造促进数字经济与实体经济深度融合[J].通信企业管理，2023（3）：16.

[39] 张振.工业互联网对中国制造业的赋能路径研究[J].电子元器件与信息技术，2022，6（3）：12.

[40] 赵佳佳，徐敏，付细群.CPS系统的构建及在实际加工中的应用[J].机械工程与自动化，2019（5）：195-196，199.

[41] 赵剑波，杨丹辉.加速推动数字经济创新与规范发展[J].北京工业大学学报（社会科学版），2019，19（6）：71-79.

[42] 中国智能城市建设与推进战略研究项目组.中国智能制造与设计发展战略研究[M].杭州：浙江大学出版社，2016.

[43] 朱亮，卢鹄，孟飚，等.产品生命周期管理的功能概述[J].航空制造技术，2006（6）：98-101.

[44] 祝林.智能制造的探索与实践[M].成都：西南交通大学出版社，2017.

[45] 卓娜，梁富友，周明生，等.智能制造的技术、产业模式及其发展路径[J].科学决策，2023（10）：89.

[46] 左小明，王文彦，彭佳雨.数字经济驱动智能制造发展的路径研究：以珠三角为例[J].广东轻工职业技术学院学报，2023，22（1）：11-19.